本書獻給三個男人 ·········

把果醬當禮物的　于永兆先生

從來不吃果醬的　于本善先生

愛吃我做果醬的　Hassan Ouakrim先生

夏天果醬冰品DIY 放心指數最高

「家裡的水果怎麼都不見了？」那天，媳婦在家裡找不到水果，她後來發現，原來家裡的水果都被我拿來做果醬了。自從我看了于美芮老師的食譜書《果醬女王》之後，對於做果醬充滿好奇，所以，好一陣子，家裡的水果都進了廚房，成為我做果醬的材料。

後來有機會認識了于老師，幾度和她討論手工果醬，發現她是位很積極認真又有創意的師傅；有一次，我建議她以「中式養生系列」為果醬主題，把黑白木耳、枸杞、紅棗等對身體保健極有助益的材料，運用在果醬中。沒多久，她就做出來要請我試吃，我非常高興，看到她在果醬的領域，把中西的材料和技巧，如此運用自如、融會貫通。

她自創的黑白木耳醬及枸杞蘋果醬都很成功，如果木耳醬味道要更好，我建議加點龍眼乾肉，而這兩款果醬，都具有不那麼甜、又有健康概念的特色。此外，最令我驚艷的一款口味是「玉荷包覆盆子」果醬，我很愛吃玉荷包，也很喜歡berry莓果類，沒想到，這兩種水果搭配起來這麼好吃，我認為，這個口味推銷去國外，都有很強的競爭力。另外，運用夏天盛產的西瓜，做出能夠直接用在冰品上的西瓜醬，真是Good idea。好像不管什麼水果，到了于老師的手上，就是能把最好的水果味道顯示出來。

其實，對我來說，吃果醬是吃點心，不算是正餐，而且西式的果醬甜度太高，我不喜歡，所以，我也不斷在想把西方果醬轉成中式果醬的方向，例如做出半甜半鹹的果醬口味，以適合國人吃早餐的習慣，養生果醬則是降低甜度，增加中式養生材料。對於我們這種愛研究吃的人，不斷思考其中的搭配和變化，真是生活中非常大的樂趣。這也是我非常愛和于老師談果醬的原因。

很高興看到于老師又新出果醬食譜書《果醬女王PART2》，其中許多果醬是和冰品搭配，今夏有這本食譜書，自己在家裡做的冰品和果醬，應該是「放心指數」最高的了，祝大家和我一樣，做得很開心。

美食達人 蔡辰男

自序

冬天 巴黎

去年冬天讓我飛回巴黎的原因很多，其一是法國麵包，當然還有在巴黎開設麵包店的Hassan先生。Hassan先生太了解我了，給我的見面禮是一根新鮮出爐的棍子麵包，我用力的咬下一大口麵包，感覺真正回到巴黎了。

重返巴黎，心情是輕鬆的，無法和過去在藍帶學藝嚴格的日子相比，這段期間，我特別拜訪了巴黎許多新開的甜點店，回臺灣時，行李箱被數個果醬專用銅鍋及超過二十瓶的手工果醬塞到爆，這個冬天對我來說非常甜美。

久違了 藍帶

畢業兩年後，第一次回母校探望藍帶的chef們，大清早有許多學生陸續進入校園，對校園那麼熟門熟路的只有像我這種畢業生，推開藍色字樣的玻璃門，順利直奔位於地下室備料廚房，眼前的助手群在忙碌工作中，不久，頭目主廚下樓到來備料廚房，「Bonjour Chef」，我主動和chef打招呼，頭目主廚看見我張大眼睛露出驚訝不已的表情（幸好沒被我嚇出心臟病來），因為毫無預警，不過我這一招真的把大家給嚇了一大跳。

頭目Chef親切的問候我，並希望我能留下來參加中午的party，接著，我跑上跑下，穿梭在每一間廚房，久違了的chef們，每一位見到我，除了立刻喊出我的名字，並以我的書為榮，對我這個非常藍帶的人來說，心中大石頭總算放下。

藍帶學校負責行銷的Sandra小姐與我餐敘時，特別跟我提到可以再出版一本法式果醬與法國起司的書，而我也一直朝這個方向思考努力和實驗，沒想到，先出版了一本果醬與冰品的書。

冰品與果醬家族

小時候，吃刨冰對我來說，是暑假的重頭戲。每天下午三點鐘一到，我的下午茶時間就是吃刨冰。從四果冰、紅豆牛奶冰、綿綿冰、花生玉米冰～到後來的雪花冰，直到後來珍珠奶茶出現，「刨冰」這兩個字就被冷凍起來了。

這次將果醬家族與冰品結合，我想，除了落實果醬幾種吃法之外，也介紹一些常見法式處理水果的手法，希望這本書能成為今年夏天實用又消暑的冰品，謝謝大家。

果醬女王 Part 2

Les Glace ●●○●
CONTENTS

002｜ 推薦序 蔡辰男

003｜ 作者序 于美芮

005｜ 台式冰品 vs. 法式果醬

006｜ 認識糖漿

007｜ 認識冰品

008｜ 法式手工果醬DIY

010｜ 蘋果果膠DIY

012｜
果醬刨冰 Granité

014｜ 香草煉奶

016｜ 辣椒蘋果果泥＋蜂蜜椰子煉奶刨冰

020｜ 芒果果泥＋香草煉奶刨冰

022｜ 椰汁香蕉柳橙果泥＋可可奶醬刨冰

024｜ 玉荷包覆盆子果泥＋伯爵茶奶醬刨冰

028｜ 金桔果凍＋香草煉奶刨冰

030｜ 糖煮薑汁南瓜＋香草煉奶刨冰

032｜ 桃接李果泥+普羅旺斯煉奶刨冰

036｜ 紅色莓果果泥+焦糖煉奶刨冰

038｜ 鳳梨榴槤果泥＋香草煉奶刨冰

040｜ 甜菊薄荷鳳梨果醬＋草莓桑葚果泥＋草莓豆漿煉奶刨冰

044｜ 玫瑰花瓣草莓果醬＋栗子煉奶刨冰

048｜ 奶油煎芒果鳳梨+甘納許刨冰

050｜ 糖煮甜蜜桃＋柑橘果皮碎糖刨冰

054｜ 柳橙紅蘿蔔葡萄果醬＋糖煮葡萄柚與香吉士刨冰

058｜ 木瓜果泥＋香草煉奶刨冰

060｜
果醬冰淇淋 Glace

062｜ 紅蘋果果醬＋紅石榴庫利冰淇淋

066｜ 芒果百香果庫利＋抹茶冰淇淋

068｜ 花蜜檸檬果凍＋巴薩米克醋庫利冰淇淋

070｜ 紅葡萄果醬＋櫻桃果醬冰淇淋

074｜ 蜂蜜西瓜果醬冰淇淋

076｜ 覆盆子庫利＋馬斯卡邦奶油醬冰淇淋

078｜ 香蕉芒果果醬＋雪莉醋庫利冰淇淋

080｜ 草莓庫利＋巧克力冰淇淋

082｜ 糖煮紫芋頭＋桑葚庫利冰淇淋

084｜
果醬冰沙 Granité à la fourchette

086｜ 綠番茄果醬＋香草牛奶水晶冰沙

088｜ 香吉士果醬＋洛神花水晶冰沙

090｜ 焦糖蜂蜜黑白木耳果醬＋檸檬水晶冰沙

092｜ 玫瑰花鳳梨檸檬果醬＋蘋果酒水晶冰沙

094｜ 香草鳳梨芒果果醬+草莓馬鞭草水晶冰沙

096｜ 哈密瓜果醬＋黃番茄水晶冰沙

098｜ 枸杞蘋果果醬＋綠茶水晶冰沙

100｜ 鳳梨玉荷包水晶冰沙

102｜
果醬冰飲 Boissons

104｜ 蘋果果泥＋大吉嶺冰紅茶

106｜ 柳橙皮紅肉柚皮果醬＋摩洛哥薄荷冰茶

108｜ 蜂蜜柳橙葡萄柚果醬＋伯爵冰茶

110｜ 鳳梨番紅花果醬＋柳橙氣泡水冰飲

112｜ 藍莓果醬＋阿薩母冰紅茶

114｜ 鳳梨玫瑰花瓣果醬＋錫蘭冰紅茶

116｜ 李子果醬＋檸檬氣泡水冰飲

118｜ 水果配對-漂亮的雙色果醬

119｜ 果醬Q&A

台式冰品 vs. 法式果醬

如果，台式冰品是穿著T恤、短褲、夾腳鞋熱情的少女，
那麼，法式果醬是穿著背心、短裙、高跟鞋優雅的淑女。
每一個淑女心裡都住著一個少女，每一個少女都渴望變成一位淑女，
就像夏日冰品一樣，台式的刨冰＋法式的果醬，什麼我都想嘗試！

法式水果醬汁煮法分類

	Confit	Confiture	Compote	Coulis	Gelée	Marmelade	Sirop de fruit
果醬分類	醃漬水果	果醬	果泥	水果醬汁	果凍	柑橘果醬	糖漿水果
傳統含糖量	80%	80%~100%	10%~30%	40%	100%	50%~70%	75%
做法	將新鮮水果和糖漿一起小火慢煮後保存	新鮮水果加入適量糖與檸檬一起烹煮	新鮮水果整顆或切碎再加入少許糖以小火慢煮直到收乾	將果泥加糖煮至醬汁般濃稠狀態	將新鮮水果加糖與檸檬一同烹煮後將果汁瀝出	檸檬、柳橙、柚子類水果帶皮加入適量糖與檸檬一起煮	將煮好的糖漿加入新鮮水果，再浸泡保存
終點溫度	107℃	103℃	沸騰	沸騰	105℃	105℃~107℃	105℃

糖的狀態、溫度與應用

披覆狀 Nappe	105℃	新鮮水果保存、柑桔類果醬、果泥、Baba蛋糕
糖絲 Petit Filet	107℃~109℃	果凍、烤布蕾、水果軟糖
硬絲 Grand Filet	110℃	醃漬水果、糖漬栗子
軟球 Petit boul	115℃~117℃	軟焦糖、炸彈麵糊、水果慕斯、義大利蛋白霜
球狀 Boul	118℃~120℃	翻糖
硬球狀 Gros boul	125℃~130℃	杏仁膏
小破碎狀 Petit cass	135℃~140℃	軟牛軋糖
硬破碎狀 Grand cass	145℃~150℃	糖果、硬牛軋糖
淺黃色 Petit Jaune	155℃	拉糖
黃色 Petit Jaune	160℃	拉糖
金黃 Grand Jaune	165℃	拉糖
焦糖淺黃色 Caramel blond clair	175℃	奴軋汀、帕林內
焦糖金褐黃色 Caramel blond fonce	185℃	焦糖醬
深焦糖色 Caramel fonce	210℃	深色焦糖

認識糖漿

英文：Syrup　法文：Sirop

糖漿的功能在於醃漬、濕潤，製作甜點時經常會用到，用途很廣，包含：醬汁、蛋白霜、果醬、蜜餞及糖果等。

基礎糖漿成分有兩種　　水＋糖
　　　　　　　　　　　　糖＋水＋果汁（酒類或風味材料）

做法：
1. 秤出水與糖的重量。
2. 取一個鍋子將水與糖放入，拿耐熱塑膠刮刀稍為混合。
3. 移到火爐上煮到滾沸，將表面浮物撈出，再滾沸約三分鐘。
4. 取一個篩網過篩後，放冷後，即可使用。

關於糖漿

糖	Baumé波美糖度		用途
	冷	熱	
400g	14°Bé	18°Bé	水晶冰沙。
500g	16°Bé	19°Bé	Baba蛋糕、蛋白霜、糖煮水果、含酒冰沙、果泥。
700g	18°Bé	25°Bé	水果冰沙：杏桃、香蕉、覆盆子、紅醋栗、梨、水蜜桃、黑醋栗。
670g	20°Bé	24°Bé	Baba蛋糕。
800g	21°Bé	26°Bé	水果冰沙：檸檬、柑橘類、葡萄柚、糖漬水果。
1000g	25° Bé	27°Bé	糕點用酒糖漿、摩卡，法式海綿，鏡面果膠、糖漬水果。 水果冰沙：杏桃、香蕉、覆盆子、紅醋栗、梨 水蜜桃、黑醋栗。
1250g	26°Bé	29°Bé	糕點用酒糖漿、冰沙、蜜餞。
1500g	30°Bé	33.3°Bé	糕點用酒糖漿、冰沙、蜜餞、冷凍糕點、炸彈麵糊。
1750g	32°Bé	35°Bé	水果冰淇淋、水果冰沙、酒糖漿。
2000g	33°Bé	37°Bé	糖果、蜜餞、糖漬栗子。
2500g	33.5°Bé	39°Bé	水果軟糖、果醬、糖漬栗子、奶油醬、果凍、慕斯、帕林內糖。

水
1 Liter

以上資料參考Maîtriser la pâtisserie、Le Livre du pâtissier

Baumé：波美度（°Bé）

波美度以法國化學家波美（Antoine Baumé）命名；這是計算糖濃度的一種方式，須以比重計測量而得。

認識冰品

西元十三世紀，馬可波羅從中國回到義大利時，曾經帶回一份甜點食譜，和今日的冰品做法非常相似。

冰品家族成員有三種

1.冰淇淋 (法文Glace、義大利文Gelato、英文Ice cream)
2.水晶冰沙 (法文Granité)
3.沙貝：水果雪酪、水果牛奶雪酪 (法文Sorbet、英文Sherbet)

| 名稱 | 主要材料 | 糖
(以1 Liter水為
單位計算比例) | Baumé波美糖度 | | 做法 |
			冷	熱	
冰淇淋	乳製品＋蛋＋糖 ＋水＋香料	300g		16°Bé	冰淇淋機
水晶冰沙	糖＋水＋利口酒	400g	14°Bé	18°Bé	叉子
沙貝 （水果雪酪、水果牛奶雪酪）	糖＋水果＋利口酒　　或 糖＋雞蛋＋牛奶＋水果＋利口酒	700g	18°Bé	25°Bé	Paco jet或製冰機 水果牛奶雪酪的乳製品含量 比冰淇淋低很多(1%-2%）

圖：果醬步驟 8

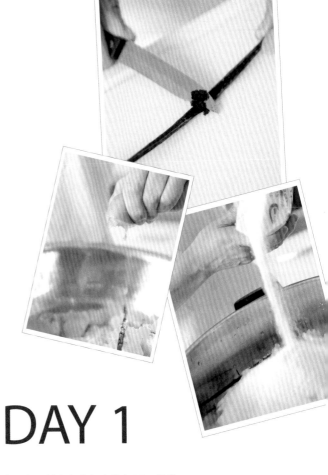

DAY 1

香草鳳梨芒果果醬

鳳梨及芒果 1公斤(淨重)

糖　　　600公克

綠檸檬　　1顆

新鮮香草莢 1根

ps 一公斤的水果
約使用一顆檸檬調整酸甜

1 芒果與鳳梨去皮去籽之後切丁；新鮮
香草莢先用小刀壓平，從中間切一分
為二，再用小刀刀背將香草籽刮出來，
之後將香草莢與果醬一起煮，裝罐前將
香草莢撈出。

2 取一只鍋子，將水果、香草籽與香草
莢一起放入，擠入檸檬汁，倒入糖之
後稍微拌勻，蓋上保鮮膜浸漬，放入
冰箱冷藏一個晚上，主要目的是為了
溶化糖，讓鳳梨出水並讓香草更入味。
若沒空至少要醃漬4小時。

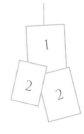

法式手工果醬DIY

DAY 2

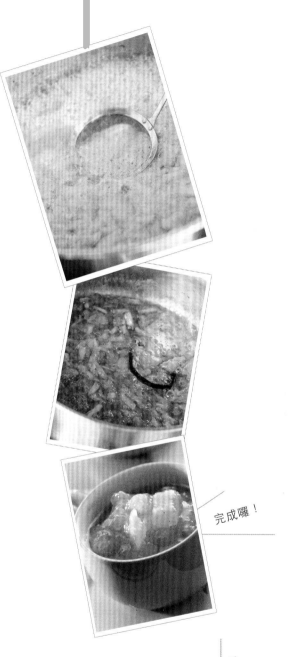

3 取出果醬，若糖尚未完全溶解（糖溶解會變成水狀），稍微攪拌一下，視鍋中的水份多寡，基本上水份必須淹蓋過水果，但不需要一次加太多水，因為未溶化的糖及水果煮時的脫水，都是水份的來源。

4 將果醬鍋移至火爐上，以大火煮滾，待果醬鍋沸騰後，轉成小火，但必須保持果醬鍋的滾沸狀態。

5 煮果醬時鍋子表面的氣泡和浮物，可隨時使用長柄雙層網狀匙撈除。

6 果醬滾沸後，使用溫度計測量是否已經到達終點溫度103℃，若已到達則必須保持103℃繼續烹煮，火可以再轉小一點，避免因水份減少而容易燒焦。

7 果醬的煮成時間，必須視爐火的大小、水果的份量及水與糖的多寡，水果多，或是水份太多、糖份高，都需要拉長熬煮時間，一般來說，1公斤水果熬煮時間大約30分鐘左右。

8 果醬鍋中的份量會因為烹煮，慢慢濃縮到原來的一半左右，水果已呈透明，醬汁也由水狀漸漸濃稠。使用PH試紙測試果醬的酸鹼值是否在PH3.5左右。

9 果醬煮好後通常鍋中溫度還會上升1到2度，裝罐最佳溫度為85℃以上，趁熱裝入果醬罐倒扣。

完成囉！

5

7

成品

point
果醬(Confiture)煮糖凝固的最佳溫度為 **103**℃，因此將此溫度稱為「終點溫度」。

DIY
蘋果果膠

「蘋果」用途很廣泛，可做成果汁、果膠，作用在於幫助其他水果凝結，其酸甜清香更能增添美味，舉凡果醬、果凍、果泥、香料果醬都可以使用蘋果果膠，尤其是青綠色的蘋果很耐煮，非常適合與甜點一起搭配。

天然蘋果果膠

1kg蘋果
200ml水
適量 糖
1顆 檸檬

蘋果果膠用量

果醬約1公斤的水果搭配**10**%~**15**%果膠，
果凍約1公斤的水果搭配**30**%~**40**%果膠。

point1
判斷果醬是否完成之方法

☑ 溫度計判斷法

使用溫度計測量，鍋內溫度全面到達103℃，柑橘類果醬或果凍可以至105℃～107℃。

☑ 視覺判斷法

取出少許醬汁，滴在乾淨的盤子上呈圓型，冷卻後，傾斜盤子，醬汁會整片流下。

☑ 手指判斷法

食指沾醬汁，手指面下，醬汁以水滴狀懸掛在手指約十秒不會滴落。

☑ 冷水判斷法

準備一杯冷水，滴入醬汁，糖漿會整個凝固並往下沈。

做 法

1. 蘋果撕去標籤，澈底清洗乾淨，帶皮、帶籽，
   將蘋果切塊成八份。

2. 準備一只銅鍋或平底的不鏽鋼鍋，將水果放
   入，加入約蘋果1/5量的水份，該鍋移到或爐
   上，以中火煮約30分鐘至蘋果軟化。

3. 取一個篩網鋪上紗布，把蘋果果汁濾出之後，
   接著秤出果汁重量，加入等量的糖(約500g)及
   擠入檸檬汁，再放回火爐上將果汁滾沸，離
   火放冷後即凝結成果膠。

ps

- 使用蘋果果膠時可預先加熱成液體狀使用，才不會拖長果醬的烹
  煮時間。

- 蘋果果皮蘊藏果膠質，所以帶果皮一起煮，能煮出更多的膠質，
  有些水果的果膠量少，份量就必須多，如製作無果膠成份的花瓣
  系列果醬，則須加入百分百的果膠。

- 蘋果有上臘的話所以煮果膠時，仍建議削皮為宜。

- 果膠的作用是黏稠劑，一般市售產品普遍使用經過萃取的果膠粉
  (pectine)。

point2
果醬裝罐技巧

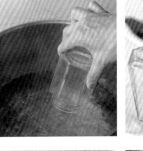

1. 將玻璃罐與冷水一同放入鍋水，滾沸十分鐘消毒後，將不鏽鋼漏斗與
   瓶蓋（內圈若有塑膠不宜久煮）放入滾沸鍋中，之後馬上關火。

2. 將玻璃瓶與蓋子倒放在乾淨的毛巾上晾乾或是使用烤箱將瓶子烤乾。

3. 趁熱使用大湯匙將果醬透過漏斗放入玻璃瓶中，裝約八到九分。

4. 將果醬裝至8～9分滿，瓶蓋鎖緊後，瓶子倒扣使空氣先往罐底跑，冷卻
   前將罐子倒正，將空氣鎖在瓶罐上方，將來打開瓶子空氣跑出就會聽到
   「波」的一聲。

果醬刨冰
Granité

刨冰Granité+
糖煮果泥Compote / 糖煮水果Sirop de fruit +
煉奶Le lait concentré

「糖煮果泥Compote」一直深受法國人的喜愛，他是法式甜點的好搭檔，拿來搭配冰品呢？
以小火慢慢煮的水果，香氣散發出百分百的獨特誘人魅力，濃縮後帶著強勁酸甜，如同奶茶
上的珍珠，人見人愛。台式刨冰的配料很夠味，換成法式吃法，除了Compote之外，「糖煮
水果Sirop de fruit」也是好搭檔，讓水果不再是水果，刨冰不再是一碗冰，特別是淋上「手
工煉奶Lconcentré」或自製糖漿，充滿法式風情的滋味，是炎炎夏日最佳的享受！

糖煮果泥Compote：基本配方則是1kg新鮮水果+100g糖 + 300g水。

Compote

小故事

Compote起源於法國十七世紀，在法式烹飪的藝術中，Compote是由新鮮或乾燥水果，加上糖、香料或酒以小火慢慢熬煮，這種水果糖漿，可以是整顆水果或是將水果煮成果泥一般，鬆軟、醬汁濃稠，可佐甜點或鮮奶油且冷熱皆宜。據說，最早在猶太新年(Rosh Hashanah)已經開始吃Compote了，猶太人相信新年頭兩天吃蜂蜜沾蘋果片和水果Compote，好運將會持續一整年。

香草煉奶

Lait concentré à la vanille

香草輕煉奶 Lait concentré léger à la vanille

材料

1Liter	全脂牛奶
330g	砂糖
1根	新鮮香草豆莢

做法

1　將牛奶、糖與新鮮香草豆莢，一起放入銅鍋，把銅鍋移到火爐上。

2　以中火煮滾後，轉成小火，保持滾沸狀態，撈除鍋子表面之結皮。

3　約兩小時左右，牛奶濃縮至原來的2/3，牛奶的顏色也漸漸變黃。

4　使用木勺觀察濃稠度，撈取少許幾滴在白色磁盤上，冷卻後，凝結濃稠度佳即可。

5　關火過濾後，馬上裝入玻璃罐，或冷卻後放入塑膠瓶，冷藏保存。

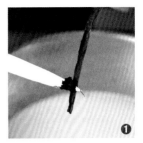

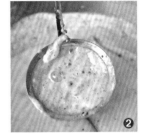

香草重煉奶 Lait concentré à la vanille

材料

1Liter	全脂牛奶
500g	砂糖
1根	新鮮香草豆莢

做法

1　將牛奶、砂糖與新鮮香草豆莢，一起放入銅鍋，以隔水加熱法，把銅鍋放置在有水的鍋子中移到火爐上。

2　以中火煮滾後，轉成小火，保持滾沸狀態，不定時撈除鍋子表面之結皮。

3　約五小時左右，牛奶濃縮至原來的2/3，牛奶的顏色也漸漸變黃。

4　使用木勺觀察濃稠度，撈取少許幾滴在白色磁盤上，冷卻後，凝結濃稠度佳即可。

5　關火過濾後，馬上裝入玻璃罐，或冷卻後放入塑膠瓶，冷藏保存。

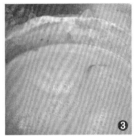

Tips

● 1公升牛奶和500g砂糖，大約可以濃縮出約720g的煉奶。

● 煮過頭的煉奶成品會較硬，反之煉奶則會太稀。

● 煮煉奶要避免使用大火，煉奶應該比牛奶抹醬更加濃稠。

● 煉奶沒開罐可放室溫，開罐後要置入冰箱保存。

 STORY

手工香草煉奶是最百搭的煉奶，依濃稠度可分輕和重，糖越多、煮越久就越濃稠，輕煉奶沒那麼甜可以當醬汁，用量也較多，可以當糖漿一樣刷在蛋糕體上增加溼度；重煉奶就像精醇露一樣，用一點點就夠味，也能劃盤飾甜點。

辣椒蘋果

Compote de pommes au piment

果泥

材料

950g(net)	蘋果
135ml	檸檬汁
300g	砂糖
300ml	荔枝醋
200ml	水
10小顆	有機朝天椒

做法

1. 蘋果洗乾淨，除去籽與外皮，切小丁，備用。

2. 將辣椒對切，刮除內籽，備用。

3. 將蘋果放入大缽中，加上水、糖及檸檬汁和荔枝醋，包上保鮮膜或蓋上鍋蓋放置冰箱浸泡至少四小時，待糖溶化。

4. 將大缽內的水果放入銅鍋，將鍋子移到爐上，以小火煮滾，煮時要不定時攪拌，以免黏住鍋底。

5. 三十分鐘左右，當鍋中的醬汁已經濃縮，果肉變成熟軟加入朝天椒，持續烹煮直到果泥開始有厚稠感出現，關火後，趁熱裝入果醬罐內倒扣。

STORY

香草花園的朝天椒結的滿滿，摘一點辣椒來做果醬，在巴黎試吃過幾款辣椒果醬，辣椒果醬理所當然做成蘋果塔，若是加入麻辣鍋呢？why not?

辣椒蘋果果泥

Compote de pommes au piment

蜂蜜椰子

Lait concentré au miel et noix de coco

煉奶

 材料

1Liter	全脂牛奶
330g	砂糖
1根	新鮮香草豆莢
300ml	蜂蜜
200g	椰子粉

 做法

1. 將牛奶、糖與新鮮香草豆莢,一起放入銅鍋,把銅鍋移到火爐上。

2. 以中火煮滾後,轉成小火,保持滾沸狀態,撈除鍋子表面之結皮。

3. 約兩小時左右,加入蜂蜜,牛奶的顏色變黃,牛奶濃縮至原來的2/3,加入椰子粉,拌勻。

4. 使用木勺,撈取少許幾滴在白色磁盤上,冷卻後,凝結濃稠度佳。

5. 關火後,馬上裝入玻璃罐,或冷卻後放入塑膠瓶,冷藏保存。

 組合

清冰+辣椒蘋果果泥+蜂蜜椰子煉奶

 STORY

記得我第一次試做手工煉奶,為了踏出成功的第一步,便選擇做椰子蜂蜜煉奶,因為蜂蜜和椰子增加濃稠的作用,就算煮的不好也看不出來!哈哈!

辣椒蘋果果泥 ＋ 蜂蜜椰子煉奶刨冰

Compote de pommes au piment &
Lait concentré au miel et noix de coco

芒果果泥 ✚ 香草煉奶刨冰

Compote de mangues &
Granité à la vanille

芒果

Compote de mangues

果泥

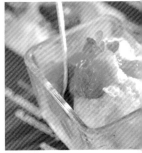

 材料

500g　土芒果

20ml　檸檬汁

25g　果糖

 做法

I　將芒果去除外皮,片下果肉切成丁。

2　取一只銅鍋,將芒果、檸檬汁及果糖放入,將銅鍋移到爐上以小火煮開後,持續以小火滾沸,撈鍋子表面之浮物與氣泡,期間不定時攪拌,以免黏住鍋底。

3　當鍋中的果肉透明熟軟,持續烹煮直到水份收乾厚稠感出現,關火後,加入果糖,趁熱裝入果醬罐內倒扣。

Tips

果糖的甜度為砂糖的一倍,但加溫至60℃以上會減少一半甜度。

 組合

清冰+芒果果泥+香草煉奶

(香草煉奶做法請參考第14頁)

 STORY

在國外冰品和糖漬水果的結合,多是使用冰淇淋或做成聖代杯;而在臺灣,芒果冰則是非常流行的夏日冰品,而這也正是我靈感的來源。

椰汁香蕉柳橙果泥

Compote de bananes
mandarines et noix de coco

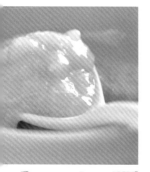

 材料

500g	香蕉
100ml	新鮮柳橙汁
100ml	新鮮椰子汁
50g	砂糖
50ml	檸檬汁

做法

1 將香蕉去除外皮，取小刀將香蕉由中間橫面切開，中間的籽去除，肉切成丁。

2 將柳橙汁、椰子汁、砂糖、放入銅鍋，將銅鍋移到爐上，以小火煮滾沸後，加入香蕉、檸檬汁，持續以小火滾沸，撈鍋子表面之浮物與氣泡，期間不定時攪拌，以免黏住鍋底。

3 當鍋中的果肉水份收乾厚稠感出現，關火後，趁熱裝入果醬罐內倒扣。

Tips
有些香蕉對切後中間的籽顏色非常深，不喜歡顏色所以切除；有些香蕉果肉顏色較白，剝除果皮後可以擦檸檬來保持原色。

可可奶醬 Crème au cacao

 材料

1Liter	牛奶
300g	砂糖
80g	麥芽糖
50g	可可粉

做法

1 將牛奶、糖一起放入銅鍋，把銅鍋移到火爐上。

2 以中火煮滾後，轉成小火，保持滾沸狀態，撈除鍋子表面之結皮。

3 約兩小時左右，加入麥芽糖，牛奶的顏色變黃，濃縮至原來的2/3，加入可可粉，拌勻。

4 關火後，馬上裝入玻璃罐，或冷卻後放入塑膠瓶，冷藏保存。

 組合
清冰+椰汁香蕉柳橙果泥+可可奶醬

Tips
可可奶醬濃稠度比較稀，當成糖漿淋在清冰上也很好吃。

椰汁香蕉柳橙果泥 ✚ 可可奶醬刨冰

Compote de bananes mandarines et noix de coco
& Crème au cacao

玉荷包覆盆子果泥

Compote de litchis - framboises

玉荷包覆盆子 果泥

Compote de litchis-framboises

 材料

700g(net)	玉荷包
300g	覆盆子果泥
50ml	金桔汁
300g	砂糖

 做法

1. 玉荷包剝皮將肉剝下，將籽去除，果肉切丁和覆盆子泥一起放入銅鍋中，加入砂糖及金桔汁，將鍋子移到爐上以大火加熱，稍稍攪拌等待砂糖溶化。

2. 銅鍋以小火持續煮滾，撈鍋子表面之浮物與氣泡，煮時要不定時攪拌，以免黏住鍋底。

3. 三十分鐘左右，當鍋中的水份，漸漸減少，醬汁濃縮，果肉變成透明熟軟，持續烹煮直到水份變少，厚稠感出現，關火後，趁熱裝入果醬罐內倒扣。

Tips
新鮮覆盆子果泥也可以DIY，將100g覆盆子、10g砂糖、2ml檸檬汁放入攪拌機打碎即可。

玉荷包覆盆子果泥 ✚ 伯爵茶奶醬刨冰

Compote de litchis - framboises &
Granité au thé Earl Grey

s ivoire, Crème légère
- Ganache à la cacahuète
m and peanut Ganache

Ganache à la cacahuète
rème fleurette
rmoline
colat Araguani .... 600 g
e de cacahuète .... 60 g
e cacahuète .... 210 g
ouillir la crème et la tri .... 450 g
ur le chocolat .... 5 gouttes
cat. Incorpora .... 75 g

Fleur de sel .... 1 pincée
Mélanger les poudres au batteur et
ajouter le beurre très froid. Mélang
pâte jusqu'à homogénéi
cuire à 160°C jusqu'

材料

20g	伯爵茶(1)
50g	伯爵茶(2)
1Liter	全脂牛奶
330g	砂糖

做法

第一天

1 　兩份伯爵茶分別裝入茶袋中，將伯爵茶(1)放入牛奶中浸泡，置於冰箱冷藏。

第二天

2 　取出伯爵茶袋(1)，將牛奶、糖與伯爵茶袋(2)，一起放入銅鍋，把銅鍋移到火爐上以中火煮滾後，轉成小火，保持滾沸狀態，撈除鍋子表面之結皮或茶渣。

3 　約兩小時左右，牛奶的顏色變黃，牛奶濃縮至原來的2/3。

4 　使用木勺，撈取少許幾滴在白色磁盤上，冷卻後，凝結濃稠度佳。

5 　關上火後取出伯爵茶袋(2)，馬上裝入玻璃罐，或冷卻後放入塑膠瓶，冷藏保存。

組合

清冰＋玉荷包覆盆子果泥＋伯爵茶奶醬

STORY

前一晚將茶葉或香料浸泡在牛奶或鮮奶油中再使用，液體與香氣就可以達到完美結合。

金桔
Gelée de kumquat
果凍

 材料

1Liter	金桔汁
1kg	砂糖
60g	蘋果果膠

 做法

I 將銅鍋中放入糖、金桔汁，銅鍋放在火爐上以大火煮開後，持續以中火滾沸，撈鍋子表面之浮物與氣泡，煮時要不定時攪拌，讓受熱平均。

2 持續保持滾沸三十分鐘左右，當鍋中的水份已漸漸濃縮，持續烹煮加入蘋果果膠，直到果凍開始有厚稠感出現，到達果醬的終點溫度105℃，關火後，趁熱裝入果醬罐內倒扣。

 組合

清冰+金桔果凍+香草煉奶+碎檸檬皮
(香草煉奶做法請參考第14頁)

Tips

金桔檸檬消暑降溫，喜歡酸一點還可以再擠一些檸檬汁。

金桔果凍 ✚ 香草煉奶刨冰

Gelée de kumquat & Granité à la vanille

糖煮薑汁南瓜 ✚ 香草煉奶刨冰

Citrouille au sirop de gingembre &
Granité à la vanille

糖煮薑汁

Citrouille au sirop de gingembre

南瓜

 材料

600g(net)	南瓜
1Liter	水
1250g	砂糖
10g	薑末

做法

1　將南瓜去皮取籽切成小塊，放入鍋內，蒸約五分鐘，南瓜約五分熟即好。

2　將水、薑末與砂糖放入一只小鍋中，煮沸，過篩後的糖漿，再加入南瓜，滾沸後將鍋子馬上移開火爐。

3　趁熱裝入玻璃罐，南瓜和糖漿各佔1/2滿。

Tips

南瓜煮過頭，會造成糖漿混濁，放入玻璃罐中，南瓜會變大變軟爛，就沒有那麼可口囉。

香料鹽 Sel aux herbes

 材料

1大把	香草(如百里香、檸檬薄荷…等)
200g	海鹽

做法

1　新鮮香草葉子洗乾淨後擦乾，切細碎，放入紗布中再擰乾。

2　海鹽放入食物攪拌機中，打細碎再加入香草，充份攪拌均勻。

3　混合物攤放入平盤，使水份蒸發，就可以裝罐了。

Tips

把你喜歡的味道作成香料鹽，調出屬於自己的料理味道，有何不可呢？

組合

清冰＋糖煮薑汁南瓜＋香草煉奶＋香料鹽

(香草煉奶做法請參考第14頁)

桃接李

Compote de prunes

果泥

 材料

650g	桃接李
50ml	水
150g	糖
1/2顆	檸檬汁

 做法

1. 把桃接李籽去除，果肉切丁，讓水、砂糖及檸檬汁一起混合放入鍋中。

2. 將鍋子移到爐上以小火加熱，繼續以小火持續煮滾，撈鍋子表面之浮物與氣泡，煮時要不定時攪拌，以免黏住鍋底。

3. 二十分鐘左右，當鍋中的水份，漸漸減少，醬汁濃縮，果肉變成透明熟軟，持續烹煮直到水份變少，厚稠感出現，關火後，趁熱裝入果醬罐內倒扣。

 STORY

當我第一次聽到「桃接李」三個字，想到的是李子先生趕到機場去接剛從法國旅行回來一身名牌的桃子小姐。紅色外皮、黃色果肉，咬感清脆且帶點酸味，「桃接李」其實是桃子和李子生的混血兒，常見的做法是糖+南薑一起醃漬，下次換個吃法，做成果醬，當做成伴手謝禮，也是個好主意喔！對我來說，「桃接李」產季短，非得搶做不可，季節過了，還有「桃接李」果醬陪我慢慢回味夏天的點點滴滴，慢慢陶醉！(呵呵)

桃接李果泥

Compote de prunes

普羅旺斯

Lait concentré aux herbes de Provence

煉奶

 材料

1Liter	全脂牛奶
500g	砂糖
500g	薰衣草
3瓣	大蒜
5枝	百里香
2片	月桂葉
少許	迷迭香

 做法

第一天

1　將牛奶與薰衣草、大蒜、百里香、迷迭香、月桂葉放入大缽浸泡一夜後，過篩備用。

第二天

2　將牛奶、糖與新鮮香草豆莢，一起放入銅鍋，把銅鍋移到火爐上。

3　以中火煮滾後，轉成小火，保持滾沸狀態，撈除鍋子表面之結皮。

4　約兩小時左右，牛奶濃縮至原來的2/3，牛奶的顏色也漸漸變黃。

5　使用木勺，撈取少許幾滴在白色磁盤上，冷卻後，凝結濃稠度佳。

6　關火後，馬上裝入玻璃罐，或冷卻後放入塑膠瓶，冷藏保存。

 組合

清冰+桃接李果泥+普羅旺斯煉奶

桃接李果泥 ✚ 普羅旺斯煉奶

Compote de prunes &
Lait concentré aux herbes de Provence

紅色莓果果泥 ＋ 焦糖煉奶刨冰

Compote de fruits rouges &
Granité au caramel

紅色莓果

Compote de fruits rouges

果泥

材料

100g	草莓
100g	覆盆子
100g	紅醋栗
50ml	檸檬汁
30g	砂糖

做法

1　將所有材料一起放入銅鍋再移至火爐以小火烹煮。
2　直到水份幾乎收乾，將鍋子移開火爐即完成。

焦糖煉奶 Lait concentré au caramel

材料

焦糖

200g	糖
少許	水
200ml	鮮奶油

煉奶

1Liter	全脂牛奶
330g	砂糖
少許	鹽之花

做法

1　製作焦糖：將糖與水放在鍋中，煮到180℃，再加入鮮奶油，做成焦糖醬。
2　製作煉奶：牛奶與糖，一起放入銅鍋，把銅鍋移到火爐上。
3　以中火煮滾後，轉成小火，保持滾沸狀態，撈除鍋子表面之結皮。
4　約兩小時左右，牛奶濃縮至原來的2/3，牛奶的顏色也漸漸變黃。
5　加入焦糖醬攪拌均勻，使用木勺，撈取少許幾滴在白色磁盤上，冷卻後，凝結濃稠度佳。
6　關火後，馬上裝入玻璃罐，或冷卻後放入塑膠瓶，冷藏保存。

組合

清冰+紅色莓果果泥+焦糖煉奶+鹽之花

STORY

焦糖煉奶的甜香加上莓果的酸，灑上一小搓鹽之花，是一道會讓人邊吃邊笑的冰。

鳳梨榴槤

Compote d'ananas et durian

果泥

材料

1kg(net)	金鑽鳳梨
500g(net)	榴槤
300g	砂糖
70ml	檸檬汁
50ml	柳橙汁
150ml	新鮮椰子汁

做法

1 將鳳梨削去外皮,並切成小塊,放入鍋子以小火烹煮,直到水份收乾,鳳梨煮軟,趁熱拌入砂糖,直到糖溶化。

2 取一只銅鍋,將已取籽的榴槤與檸檬汁、柳橙汁、鳳梨、新鮮椰子汁混合。

3 銅鍋移到爐火上,以小火先滾沸之後,保持滾沸,偶爾攪拌鍋底,避免燒焦,直到水份幾乎收乾,將鍋子移開火爐,即完成。

組合
清冰+鳳梨榴槤果泥+香草煉奶+香料鹽
(香草煉奶做法請參考第14頁、香料鹽做法請參考第31頁)

鳳梨榴槤果泥 ＋ 香草煉奶刨冰

Compote d'ananas et durian &
Granité à la vanille

甜菊薄荷鳳梨果醬

Confiture d'ananas avec Stévia - menthe

甜菊薄荷鳳梨果醬

Confiture d'ananas avec Stévia-menthe

 材料

1kg(net)	鳳梨約1大顆
200g	砂糖
2 顆	黃檸檬汁
1大把	甜菊
1大把	薄荷
200g	蘋果果膠

 做法

I 將鳳梨皮和表面的釘眼一同削掉、去心、切成小丁，放入銅鍋，以中火煮至滾沸，再轉小火煮約20分鐘或者鳳梨汁濃縮至接近收乾。

2 再加入砂糖與檸檬汁混合，持木匙稍稍混合均勻等候砂糖溶化。

3 將甜菊、薄荷放入大型紗布袋綁好，一起放入鍋中。

4 將鍋子移至火爐上以中火煮滾，後轉中小火保持滾沸，撈除鍋子表面之浮物與氣泡，煮時要偶爾攪拌，以免黏住鍋底。

5 約三十分鐘，將甜菊、薄荷紗布袋挑出，果膠加入，當鍋內已有黏稠度，到達果醬的終點溫度103℃，關火後，將每一罐果醬趁熱裝入果醬罐內倒扣。

 STORY

甜菊又名芳香萬壽菊，有著百香果與九層塔的香氣，薄荷涼味、甜菊的甜味，與鳳梨搭檔更豐富了果醬的滋味。

甜菊薄荷鳳梨果醬 ✚ 草莓桑葚果泥
✚ 草莓豆漿煉奶刨冰

Confiture d'ananas avec Stévia-menthe &
Compote de fraises-mûres & Granité au
lait de soja-fraise

草莓桑葚果泥 Compote de fraises-mûres

材料
1kg	草莓
200g	冰糖
300ml	有機桑葚汁
1顆	檸檬汁
少許	Cognac酒

做法
1. 將草莓沖一下水快速瀝乾，去掉蒂頭。
2. 取一個不繡鋼鍋(或銅鍋)將草莓與檸檬汁混合，加入桑葚汁，將該鍋放上火爐，以小火煮開後，持續烹煮，撈鍋子表面之浮物與氣泡，煮時要不定時攪拌，以免黏住鍋底。
3. 當鍋內水份減少並開始有厚稠感出現，加入Cognac酒，再煮三分鐘，關火後，趁熱裝入罐內倒扣。

Tips
法國著名白蘭地產區有二，一是雅馬邑區的Armagnac酒，另一個就是干邑區的Cognac酒，法國干邑地區經過發酵蒸餾和在橡木統中貯存的葡萄蒸酒才能稱為干邑酒。

草莓豆漿煉奶 Lait de soja concentré à la fraise

材料
1Liter	豆漿
330g	砂糖
1根	新鮮香草豆莢
100g	新鮮草莓

做法
1. 將豆漿、糖與新鮮香草豆莢，一起放入銅鍋，把銅鍋移到火爐上。
2. 以中火煮滾後，轉成小火，保持滾沸狀態，撈除鍋子表面之結皮。
3. 約兩小時左右，豆漿濃縮至原來的2/3，豆漿的顏色也漸漸變黃。
4. 使用木勺，撈取少許幾滴在白色磁盤上，冷卻後，凝結濃稠度佳。
5. 關火後，馬上裝入玻璃罐，或冷卻後放入塑膠瓶，冷藏保存。
6. 草莓沖水瀝乾去蒂頭，使用前將草莓與煉奶混合即完成。

Tips
用煉奶的煮法來做豆漿煉奶，這樣就解決了不能喝牛奶的問題了。

組合
清冰+甜菊薄荷鳳梨果醬+草莓桑葚果泥+草莓豆漿煉奶

玫
瑰
花
瓣
草
莓

Confiture de fraises
aux pétales de rose

果
醬

材料

500g	新鮮玫瑰花瓣
500g(net)	草莓
100g	草莓果泥
300g	糖
1顆	檸檬汁
300g	蘋果果膠

 做法

I 將新鮮玫瑰花瓣,洗乾淨後,稍微風乾,使用刀子將花瓣儘量切細碎。

2 將草莓洗乾淨後,除去蒂頭,切成1/4大小,與玫瑰花瓣一同放入大缽中,加入糖與檸檬一起混合,放入冰箱,浸置一夜。

3 將銅鍋洗乾淨後,將玫瑰草莓從冰箱取出,直到常溫,再把草莓果泥一起放入銅鍋中煮沸,滾沸後關成小火,鍋中的果醬維持滾沸狀態。

4 不斷撈除表面浮沫,並注意攪拌預防鍋底燒焦。加入蘋果果膠,煮到105℃,到達果醬製成的終點溫度。

草莓果泥 Purée de fraises

 材料

100g	草莓
1把	巴西里
10g	糖
半顆	檸檬汁
少許	水

 做法

將以上所有材料放入攪拌機,充分攪拌後,將所有果泥過篩,放入冰箱冷藏備用。

玫瑰花瓣草莓果醬

Confiture de fraises aux pétales de rose

栗子
Lait concentré aux marrons
煉奶

 材料

500g	無糖栗子泥
20g	糖粉
1Liter	全脂牛奶
330g	砂糖
1根	新鮮香草豆莢

 做法

1 將栗子泥加糖粉一起放入攪拌機以扇形攪拌器，以慢速打十分鐘。

2 將牛奶、糖與新鮮香草豆莢，一起放入銅鍋，把銅鍋移到火爐上。

3 以中火煮滾後，轉成小火，保持滾沸狀態，撈除鍋子表面之結皮。

4 約兩小時左右，牛奶濃縮至原來的2/3，加入栗子泥，牛奶漸漸變稠。

5 使用木勺，撈取少許幾滴在白色磁盤上，冷卻後，凝結濃稠度佳。

6 關火後馬上裝入玻璃罐，或冷卻後放入塑膠瓶冷藏保存。

 組合

清冰+玫瑰花瓣草莓果醬+栗子煉奶

玫瑰花瓣草莓果醬 ＋ 栗子煉奶刨冰

Confiture de fraises aux pétales de rose &
Granité aux marrons

奶油煎芒果鳳梨 ＋ 甘納許刨冰

Ananas mangues poêlées au beurre et Granité au ganache

奶油煎芒果鳳梨 Ananas-mangues poêlées au beurre

材料

2顆	芒果
1/2顆	鳳梨
50g	奶油
20g	砂糖
少許	檸檬汁
少許	荳蔻
半根	香草豆莢
少許	碎檸檬皮
少許	碎柳橙皮

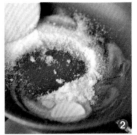

做法

1　將芒果及鳳梨切成四方體的大丁,大小一致。

2　取一個平底鍋,將奶油溶化,加入砂糖、檸檬汁、少許荳蔻、香草豆莢、碎檸檬皮及碎柳橙皮。

3　接著加入芒果鳳梨丁,以小火慢炒。

4　直到芒果及鳳梨呈現閃亮金黃色,鍋底收汁,即可移開火爐備用。

甘納許 Ganache

材料

200g	鮮奶油
50ml	牛奶
250g	黑巧克力(70%)

做法

1　取一只鍋子將鮮奶油與牛奶倒入,置於火爐上煮滾。

2　將巧克力放入一只大缽,倒入煮滾的鮮奶油。

3　使用打蛋器,從中間開始以順時針方向攪拌,直到混合均勻並無結粒。

組合
清冰+奶油炒鳳梨芒果+巧克力甘納許

糖煮

Sirop de pêche

甜蜜桃

材料

500g	甜蜜桃
1kg	砂糖
600ml	水
60ml	萊姆酒
1根	香草豆莢

做法

1. 煮一鍋滾水放入甜蜜桃燙約十秒，撈起泡入冰塊水，將桃子去皮去籽切成花瓣。

2. 將砂糖、水、40ml萊姆酒、香草豆莢全部放入鍋子中，移至火爐上，開中火煮滾，煮好糖漿後將鍋子移開火爐，再加入20ml的萊姆酒，之後將桃子放入。

3. 將桃子糖漿放入密封罐蓋緊蓋子，再準備一只大鍋注入水須淹蓋住罐子，放入桃子密封罐以中火煮沸持續30分鐘，取出即完成殺菌。

糖煮甜蜜桃

Sirop de pêche

柑橘果皮

Sucre au zeste d'orange

碎糖

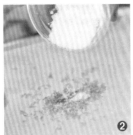

 材料

1顆　黃檸檬

1顆　綠檸檬

1顆　香吉士

適量　砂糖

 做法

1　使用果皮刨刀，分別將三種水果刨出果皮碎屑。

2　將果皮碎屑與等量的砂糖混合。

3　放進烤箱50℃，低溫烘乾。

4　將糖放入玻璃罐密封保存。

Tips

● 糖的風乾時間要以手觸摸，至乾燥不黏手即可。

● 可以利用烤箱餘溫放置一晚。

● 溫度要低於70℃，否則果皮會變色、走味。

● 適合當成風味糖加入茶飲及冰品。

 組合

清冰+糖煮甜蜜桃+柑橘果皮碎糖

 STORY

法式甜點常使用柑橘類的水果皮製做成碎糖來添加想表現的風味，做點碎糖放在冰品做裝飾，Why not?出奇的香氣加上輕爽清涼的清冰，贏得大家的喜愛。簡單的做法+簡單的食材＝我的最愛。

糖煮甜蜜桃 ✚ 柑橘果皮碎糖刨冰

Sirop de pêche &
Granité aux zestes d'orange

柳橙紅蘿蔔果醬

Confiture d'Oranges et carottes

柳橙紅蘿蔔果醬

Confiture d'Oranges et carottes

 材料

500g(net)	紅蘿蔔
500g	砂糖
50ml	檸檬汁
500ml	新鮮柳橙汁

 做法

1　將紅蘿蔔去皮、切丁，放進蒸籠或蒸烤箱中五分鐘左右。

2　使用新鮮柳橙，擠出柳橙汁備用。

3　取一個鍋子將紅蘿蔔、柳橙汁、砂糖和檸檬汁一起混合，移至爐火上，開中火煮至滾沸，轉小火保持滾沸狀態，將表面浮沫撈除，直到溫度達103℃。

4　將鍋內果醬倒入食物調理機中將紅蘿蔔打成醬，立刻裝罐。

5　將果醬放進已預熱105℃的蒸烤箱30分鐘，完成殺菌。

STORY

紅蘿蔔很容易與baby food做聯想，一年前，長春藤法式餐廳的鄭師傅建議我用紅蘿蔔和柳橙搭配做果醬，我一直把這件事放在心上，前兩天鄭師傅試吃後說：「Not bed!」，謝謝鄭師傅。

柳橙紅蘿蔔果醬 ＋ 糖煮葡萄柚與香吉士刨冰

Confiture d'Oranges et carottes &
Granité au Sirop de pamplemousse-orange

糖煮葡萄柚與

Sirop de parmplemousse-orange

香吉士

材料

5顆	香吉士
5顆	葡萄柚
1300g	砂糖
1Liter	水
2顆	檸檬汁
少許	荳蔻粉
1根	香草豆莢
2根	香茅
1根	肉桂
少許	檸檬皮
少許	柳橙皮

做法

1. 將香吉士與葡萄柚的果肉切片，果汁擠出備用。
2. 取一個鍋子將果汁、糖與水一起煮滾，並加入檸檬汁、荳蔻、香草豆莢、香茅、肉桂、檸檬皮、柳橙皮，一起煮滾，移開火爐，糖漿蓋上保鮮膜靜置，直到糖漿冷卻。
3. 冷糖漿過篩後果肉即可使用，糖漿與果肉一起放入容器內，冷藏約可保存三~七天。

組合

清冰+柳橙紅蘿蔔果醬+糖煮葡萄柚與香吉士

木瓜

Compote de papayes

果泥

 材料

500g(net)	木瓜
50ml	水
50g	砂糖
1/2顆	檸檬汁
25g	無鹽奶油

 做法

1. 將木瓜削去外皮刮除籽,並切成小塊,將砂糖、水、檸檬汁與木瓜一起放入銅鍋再移至火爐以小火烹煮。

2. 鍋中的木瓜要偶爾攪拌鍋底,避免燒焦,撈鍋子表面之浮物與氣泡,烹煮直到水份幾乎收乾,將鍋子移開火爐。

3. 馬上加入奶油,混合拌勻,留置鍋中五分鐘,再將奶油木瓜放入保鮮盒中待冷,冷藏保存。

 組合

清冰+木瓜果泥+香草煉奶

(香草煉奶做法請參考第14頁)

Tips

● 木瓜含有充足的維生素C、 維生素A和蛋白質分解酵素,並且大過鳳梨、無花果和奇異果,木瓜有高消化性,有助於分解肉類。

● 幼兒五個月後就能吃果泥,給幼兒的木瓜果泥不需要任何調味,只要用湯匙刮碎能讓幼兒容易吞嚥。

● 木瓜有雌雄之分唯有雌瓜能結實,菲律賓有些修道院門口種植許多木瓜樹,因為聽說木瓜有抑制性慾的作用,你相信嗎?

木瓜果泥 ＋ 香草煉奶刨冰

Compote de papayes &
Granité à la vanille

單元②

果醬冰淇淋
Glace

冰淇淋Glace ＋
水果庫利Coulis

香甜濃郁的冰淇淋與酸度強勁的水果醬汁，是甜加酸、互相幫襯的好搭檔。「庫利Coulis」就是濃縮的水果醬，讓冰淇淋有畫龍點睛的效果，也可以讓我們熟悉口味的冰淇淋吃起來有另外一種驚喜！冰淇淋加上水果庫利Coulis、新鮮水果丁、喜歡的餅乾，再撒上脆果仁、最愛的巧克力...，就成了獨一無二的聖代冰淇淋。

Coulis
小故事

Coulis是法國廚藝的專有名詞，Coulis是一種法式醬汁，使用蔬菜或水果做出甜的或鹹的濃稠醬汁。蔬菜coulis經常使用在肉類及菜類，或是做為醬汁的基底來調配湯品；而水果coulis則是餐廳提供冷甜點中常使用的妙招。

 紅蘋果果醬

Confiture de pommes rouges

 材料

1kg(net)	青蘋果
300g	紅葡萄皮
600ml	水
500g	砂糖
2顆	檸檬汁

 做法

1　青蘋果削去外皮、使用挖籽器，挖去中心籽，將蘋果再切成小丁。紅葡萄皮放入紗布袋備用。

2　準備一只銅鍋將砂糖與水、檸檬汁先混合，放入青蘋果丁與葡萄皮紗布袋。

3　將銅鍋移至火爐上，加熱一下可以幫助糖溶化。

4　糖溶化後，爐上轉成大火，先煮沸騰，再轉成中火，持續烹煮，撈鍋子表面之浮物與氣泡，約十分鐘後，撈起葡萄皮紗布袋，烹煮時定時攪拌，以免黏住鍋底或燒焦。

5　持續烹煮直到果醬開始有厚稠感出現，到達果醬的終點溫度103℃，視果醬狀況已呈現濃稠，關火後，趁熱裝入果醬罐鎖上蓋子倒扣。

 STORY

許多人問我哪一種果醬最難做？我覺得是最~最~最~基本的蘋果；蘋果果醬含有許多果膠，應該是最容易成功的呀！到底困難在哪裡？你做一次試試看，就知道我在說什麼了，看似最簡單的事往往也是最不容易做好的事。

紅蘋果果醬 ＋ 紅石榴庫利冰淇淋

Confiture de pommes rouges &
Coulis de grenade & Glace à la vanille

紅石榴庫利

Coulis de grenade

 材料

200g　紅石榴果泥

40g　　砂糖

4g　　　吉利丁

24ml　飲用水

 做法

1　吉利丁片泡入水中，放入冰箱冷藏備用。

2　將紅石榴與砂糖一起放入鍋內，移至火爐上。

3　以小火溶化砂糖後，移開爐火，吉利丁加入拌勻即可。

 組合

香草冰淇淋+紅蘋果果醬+紅石榴庫利

 STORY

蘋果果醬煮出來原本是金黃色的，好玩的是加上其他果汁便會改變原貌，紅色的蘋果果醬真教人分不清到底是不是石榴果醬呢！

芒果百香果

Coulis de mangues-fruits
de la passion

庫利

材料

150g　芒果果泥

50ml　百香果汁

40g　　糖

4g　　　吉利丁

24ml　飲用水

少許　　黑橄欖碎

做法

1　取一個小缽，將吉利丁片泡入水中，放入冰箱冷藏備用。

2　將芒果果泥與百香果汁、砂糖一起放入鍋內，移至火爐上。

3　以小火溶化砂糖後，移開爐火，吉利丁加入拌勻即可。

組合

抹茶冰淇淋+芒果百香果庫利+黑橄欖碎

Tips

加入吉利丁的庫利隔天醬汁會變硬，隔水加熱一下就能使用了。

STORY

抹茶冰淇淋與黑橄欖會讓我想起日本的宇治金時冰品，如果想加上麻薯、地瓜、紅豆、湯圓和抹茶果凍，那就更像了。黑橄欖的鹹度要先試吃才決定灑多少，將黑橄欖切的非常細碎，和橄欖油混合，假裝是松露醬，塗抹在麵包上，吃起來有貴氣感。

芒果百香果庫利 ＋ 抹茶冰淇淋

Coulis de mangues·fruits de la passion &
Glace Mocha

花蜜檸檬果凍＋巴薩米克醋庫利冰淇淋

Gelée au miel-citronnelle &
Coulis au vinaigre balsamique & Glace à
la vanille

花蜜檸檬果凍 Gelée au miel-citronnelle

材料

1000c.c.	檸檬汁
800g	砂糖
60ml	花蜜
60g	蘋果果膠

做法

1 將銅鍋中放入糖、檸檬汁，銅鍋放在火爐上以大火煮開後，持續以中火滾沸，撈鍋子表面之浮物與氣泡，煮時要不定時攪拌，讓受熱平均。

2 持續保持滾沸三十分鐘左右，當鍋中的水份已漸漸濃縮，持續烹煮加入果膠、花蜜，直到果凍開始有厚稠感出現，到達果醬的終點溫度105℃，關火後，趁熱裝入果醬罐內倒扣。

巴薩米克醋庫利 Coulis au vinaigre balsamique

材料

200ml	巴薩米克醋
20ml	蜂蜜

做法

1 將巴薩米克醋倒入鍋中，以中火濃縮直到約原來的1/3左右，最後加入蜂蜜，再煮一分鐘，待醋汁呈濃縮狀即可完成。

 組合

香草冰淇淋+花蜜檸檬果凍+巴薩米克醋庫利+帕馬善起司脆餅。

Tips

巴薩米克醋和帕馬善起司一樣是料理無國界的食材，搭配任何料理和甜點都行。

帕馬善起司脆餅 Crumble Parmesan

材料

100g	麵粉
70g	奶油
35g	帕馬善起司
60g	核桃
1小匙	鹽之花
1小匙	橄欖油

做法

1 奶油切小塊、帕馬善起司刨絲，加入麵粉、奶油混合後，再加上起司、核桃、鹽之花、橄欖油拌勻。

2 烤箱預熱至180℃，將麵糰分散放在烤盤上。

3 烘焙期間需開爐翻動麵糰、將烤盤轉頭，大約十五分鐘左右，直到烤成金黃色。

紅葡萄

Confiture de raisins

果醬

 材料

1kg	紅葡萄(無籽)
70ml	檸檬汁
500g	砂糖
200ml	白葡萄酒

 做法

1. 取一個鍋子注入足夠蓋住葡萄的水，移至火爐上以中火煮滾，放入葡萄，燙約30秒，將葡萄撈出放入冷水中。

2. 剝除葡萄外皮，果皮放入紗布袋，果肉與檸檬汁、糖一起混合放入銅鍋。

3. 紗布袋與白葡萄酒一起放入小鍋中，移至火爐上以小火煮滾，關火。

4. 將銅鍋移至火爐上以大火煮滾，加入作法(3)，維持滾沸狀態。

5. 期間使用木勺，偶爾翻攪拌鍋底避免燒焦，直到鍋中的溫度達到103℃，關火後，趁熱裝入果醬罐內倒扣。

 STORY

當我做好葡萄果醬時，也會跟著忘記處理葡萄皮、葡萄籽的耗時和辛苦，何不挑選無籽葡萄，不去葡萄皮一樣可以做出果醬呀！只是我不想這麼做罷了。

和葡萄果醬相比，做櫻桃果醬變得很簡單又省事，這樣的水果非常適合經常做果醬。

 紅葡萄果醬

Confiture de raisins

櫻桃

Confiture de cerises

果醬

 材料

1kg 櫻桃
50ml 檸檬汁
500g 砂糖
150ml 櫻桃白蘭地(kirsch)
50ml 櫻桃白蘭地(kirsch)

 做法

I 取一支小刀，對切櫻桃，取下籽放入紗布袋，櫻桃與檸檬汁、糖一起混合放入銅鍋。

2 櫻桃紗布袋與150ml櫻桃白蘭地，一起放入小鍋中，移至火爐上以小火煮滾，關火。

3 將銅鍋移至火爐上以大火煮滾，加入作法(2)，維持滾沸狀態。

4 期間使用木勺，偶爾翻攪鍋底避免燒焦，直到鍋中的溫度達到107℃，關火後，再加入50ml櫻桃白蘭地，拌勻，趁熱裝入果醬罐內倒扣。

Tips
一般果醬煮到103℃關火後，溫度還會默默上升1到2℃，因此當果醬煮到107℃關火後再加入酒，除了可以增加香氣外，溫度也會降下至我們的預期。

 組合
香草冰淇淋+葡萄果醬+櫻桃果醬+布利亞沙瓦靈乳酪

布利亞沙瓦靈乳酪 Brillat-Savarin

種類 白黴乳酪
原產地 法國諾曼地 Normandy
原料乳種 牛奶加奶油
產品乳脂肪量 75%

 STORY

布利亞沙瓦靈乳酪與法國美食家布利亞沙瓦靈同名，微酸又帶著濃厚的奶油香氣，是一款吃不膩的奶油起司，也是咖啡、茶與果醬的麻吉。

紅葡萄果醬 ＋ 櫻桃果醬冰淇淋

Confiture de raisins &
Confiture de cerises & Glace à la vanille

蜂蜜西瓜果醬冰淇淋

Confiture de pastèques au miel &
Glace à la vanille

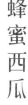

蜂蜜西瓜果醬

Confiture de pastèques au miel

材料

1kg(net)	西瓜
2 顆	檸檬汁
100ml	蜂蜜
500g	砂糖

做法

1 西瓜去皮去籽，加入糖、檸檬汁放入銅鍋中。

2 銅鍋移到爐上以大火煮滾後，轉中、小火保持滾沸，撈除鍋子表面的浮物與氣泡，期間不定時攪拌，保持受熱均勻。

3 當鍋中的份量逐漸濃縮減少約1/3，果肉呈現柔軟，持續烹煮，加入蜂蜜，到達果醬的終點溫度103℃。

4 關火後，將2/3西瓜放入食物調理機，攪碎再回倒(這樣可以留住一點果肉，而不會變成西瓜泥)，趁熱裝入果醬罐內。

5 將果醬罐放入蒸烤箱105℃，30分鐘，完成殺菌。

組合

香草冰淇淋+蜂蜜西瓜果醬+昂貝圓柱乳酪

Tips

這款西瓜果醬利用含水量高的優勢，做成像果肉糖漿一樣。如果想要做的像一般果醬般濃稠，就要先將煮西瓜減少水份，或是打成果泥過濾果汁，再根據果肉實際重量調整配方。

昂貝圓柱乳酪 Forum d'Ambert

種類	藍乳酪
原產地	法國奧弗涅Auvergne
原料乳種	牛奶
產品乳脂肪量	最低50%

STORY

在巴黎學習廚藝期間，我曾特別去上了一期的塔、派與三明治課，面對數十種三明治，其中有一款鴨肉起司三明治特別好吃，鹹鹹的藍黴乳酪，正是昂貝圓柱乳酪，從此也打開我的藍乳酪大門。昂貝圓柱乳酪 (Forum d'Ambert)是藍乳酪的入門款，口味相當溫和適合初次嘗試藍黴起司的人，和羊奶做的洛克福(Roquefort)一樣深受藍乳酪行家喜愛。藍乳酪沾著西瓜果醬，或者淋在冰淇淋上都能吃的很優雅。

覆盆子

Coulis de framboises

庫利

 材料

200g	覆盆子果泥
40g	砂糖
4g	吉利丁
24ml	飲用水

 做法

I 吉利丁片泡入水中,放入冰箱冷藏備用。

2 將覆盆子果泥與砂糖一起放入鍋內,移至火爐上。以小

3 火溶化砂糖後,移開爐火,吉利丁加入拌勻即可。

馬斯卡邦奶油醬 Crème Mascarpone

 材料

100g	馬斯卡邦起司
20ml	蜂蜜
1/2顆	碎黃檸檬皮
100ml	鮮奶油

 做法

I 將鮮奶油打發至硬性,之後放入冰箱冷藏備用。

2 取一個大缽放入馬斯卡邦起司、蜂蜜,使用打蛋器,混
   合均勻,確定無結塊。再將碎黃檸檬皮混合。

3 鮮奶油取1/5先與馬斯卡邦起司混合,再撥入4/5鮮奶油
   持塑膠刮刀將兩者拌勻。

 組合

香草冰淇淋+覆盆子庫利+馬斯卡邦奶油醬+巧克力豆

 STORY

馬斯卡邦起司與苦苦的咖啡、可可是鐵三角,組合成人
見人愛的甜點叫做:提拉米蘇。馬斯卡邦起司有著香濃
滑順的好滋味,與咖啡、紅茶、白蘭地超搭,加入餅
乾、 蛋糕、鮮奶油更能豐富甜點的滋味。如果和酸甜
強烈的覆盆子攜手合作,你想會擦出什麼樣的火花呢?

覆盆子庫利 ＋ 馬斯卡邦奶油醬冰淇淋

Coulis de framboises & Crème au mascarpone & Glace à la vanille

香蕉芒果果醬 ➕ 雪莉醋庫利冰淇淋

Confiture de mangues-bananes &
Coulis au Vinaigre de Xérè &
Glace au Chocolat

芒
果
香
蕉

Confiture de mangues-bananes

果
醬

 材料

600(net)	芒果
400(net)	香蕉
70ml	檸檬汁
500g	砂糖
100ml	蘋果原汁（不含糖）
少許	荳蔻粉
少許	八角
少許	丁香

 做法

1　香蕉切成小塊放入大缽中，加入檸檬汁一起混合，芒果切除外皮，片下果肉放入銅鍋並加入香料、砂糖與蘋果汁。

2　將銅鍋移至火爐上稍微加熱，再關上火，等完全溶化砂糖。

3　重新開爐火，以大火滾沸，再轉成中、小火維持滾沸狀態。

4　期間使用木勺，偶爾攪拌鍋底避免燒焦。

5　當溫度達到103℃，關火後將香料挑出，趁熱裝入果醬罐內倒扣。

雪莉醋庫利 Coulis au Vinaigre de Xérè

 材料

250ml	雪莉醋
1大匙	鳳梨檸檬皮果醬

 做法

醋倒入鍋中，以中火濃縮直到約原來的1/3多左右，最後加入鳳梨檸檬皮果醬，再煮一分鐘，醋汁呈濃縮狀即可完成。

 組合

巧克力冰淇淋+香蕉芒果果醬+雪莉醋庫利+帕林內碎糖

Tips

● 雪莉醋：一般使用在料理上口感香濃的雪莉醋，帶著微微的香甜與堅果氣息，也非常適合做成甜點沾醬喔！

草莓

Coulis de fraises

庫利

 材料

200g	草莓果泥
40g	砂糖
4g	吉利丁
24ml	飲用水

 做法

1. 吉利丁片泡入水中,放入冰箱冷藏備用。
2. 將草莓果泥與砂糖一起放入鍋內,移至火爐上。
3. 以小火溶化砂糖後,移開爐火,吉利丁加入拌勻即可。

Tips

● 為何不自己動手做果泥?將100g新鮮草莓加10g糖放入攪拌機打碎,過濾出的果汁就可以當果泥使用了。

● 草莓果泥一般保存在冷凍庫,使用前必須先行解凍。

 組合

巧克力冰淇淋+草莓庫利+聖耐克戴爾起司+帕林內碎糖

聖耐克戴爾乳酪 Saint-Nectaire

種類	半硬質
原產地	法國奧弗涅Auvergne
原料乳種	牛奶
產品乳脂肪量	最低45%
包裝	綠色橢圓形是農家製造、方型是工廠製造

 STORY

在法國Saint-Nectaire是非常普遍的起司,沒有刺鼻味比白黴起司更好入口,常出現在早餐餐桌或料理入菜。起司有韌性且即溶化在口中發出微酸、鹹、銅、榛果與辛香味,相傳塞納克戴元帥(Marechal de Sennecterre)帶去獻給太陽王路易十四,馬上成他餐桌上的新寵兒。午后兩點在夏天湖邊,來一份走著田野風的冰品,why not?

Tips

● 帕林內碎糖(pralines rouges)主要成份為:糖、杏仁、葡萄糖漿、膠、酸、香草、紅色色素,法式甜點與麵包的運用很多如:帕林內碎糖重奶油麵包。

草莓庫利 ＋ 巧克力冰淇淋

Coulis de fraises & Glace au chocolat

糖煮紫芋頭 ✛ 桑葚庫利冰淇淋

Confits de taro & Coulis de mûres &
Glace mangues-fruits de la passion

 材料

2條	紫色芋頭
200ml	水
250g	砂糖

 做法

1 將紫色芋頭去皮切成小塊,放入電鍋內,蒸約五分鐘,芋頭約五分熟就好。

2 將水與砂糖放入一只小鍋中,煮沸,再加入芋頭,滾沸後將鍋子馬上移開火爐。

3 趁熱裝入玻璃罐,芋頭和糖漿各佔1/2滿。

Tips

芋頭會隨著時間增長,從玻璃罐上方往沈下去,體積也一起變大。

桑葚庫利 Coulis de mûres

 材料

100ml	桑葚汁
10g	砂糖
2g	吉利丁
12ml	飲用水

做法

1 吉利丁片泡入水中,放入冰箱冷藏備用。

2 將桑葚汁與砂糖一起放入鍋內,移至火爐上。

3 以小火溶化砂糖後,移開爐火,吉利丁加入拌勻即可。

Tips

若使用濃縮桑葚汁已含糖,使用前要特別注意糖量。

 組合

芒果百香果冰淇淋+糖煮紫芋頭+桑葚庫利+新鮮奇異果

 STORY

在臺灣,刨冰加上地瓜和芋頭,是天經地義又不退流行的口味,換成西式吃法試試:現在就歡迎,集時尚(冰淇淋)、養身(紫芋)、健康(桑葚)於一身的冰品出場。

果醬冰沙

Granité à la fourchette

果醬冰沙Granité à la fourchette ＋
天然果醬Confiture

冰沙沒有果肉，加上「天然果醬Confiture」的果肉，就讓本來入口即化的冰沙也能增加口感。尤其是手工冰沙和手工果醬調合，感覺就像是果醬在你口中滑雪一般！希望下次你喜歡吃冰沙，都是因為果醬的關係。

法式冰沙Sorbet

法文：Sorbet，英文：Sherbet（雪酪）

最早的源頭可以追述到一款在中東很流行的飲料沙爾貝（Cherbet），是一杯糖水加果汁調成的飲料。Sorbet的發源地是義大利的羅馬，主要是由水、水果(果泥或果汁)加上酒類，風味強烈，Sorbet也以加入牛奶或吉利丁等，製做成像是口感輕爽的無油脂或低脂冰淇淋看待。在高級餐廳的菜單上常看見Sorbet出現在兩道風味截然不同的料理之間，這是要讓冰涼的Sorbet發揮爽口作用。平常在家無法手工製作，需要由專業機器來完成。

Granité
小故事

Granité是一種將水(果汁、酒、咖啡、牛奶、
醋)+糖+香料調製而成的冰品,這種半冷凍冰品
,冷凍過程中要不時攪拌,使其結成水晶冰沙。
Granité的糖漿波美度(Baumé)一般不超過14°Bé,
換句話說液體與糖的比例是4:1才能結晶成冰。
Granité最早發源於義大利的西西里島,西西里人
很流行的吃法,是Granité佐熱咖啡,對懂得
享受的義大利人來說,把Granité搭配布
里歐許(Brioche)甜麵包,絕對是夏
天早餐的最佳選擇。

 綠番茄果醬 ＋ 香草牛奶水晶冰沙

Confiture de tomates vertes &
Granité à la vanille

Confiture de tomates vertes

材料

1kg(net)	有機綠番茄
500g	砂糖
1顆	檸檬汁

做法

I 將有機綠番茄洗乾淨，放入滾水中，約五秒後馬上放入冰水中，除去外皮，對切成1/2備用。

2 將綠番茄與糖、檸檬汁，放入鍋中浸置十二小時，至少要讓砂糖溶化。

3 將鍋子內的材料，放入銅鍋後移至爐火上，開大火煮滾，再以中火保持滾沸狀態，撈除銅鍋周邊與表面之浮物與氣泡，其間不定時攪拌，以免黏住鍋底。

4 當鍋中的果肉水份收乾厚稠感出現，溫度到達103℃~105℃後關火，趁熱裝入果醬罐內倒扣即可。

Tips

綠番茄是綠色品種的番茄，而不是沒有成熟的綠番茄。

香草牛奶水晶冰沙 Granité à la vanille

材料

500ml	牛奶
100g	糖
2g	吉利丁
12ml	飲用水
1/2條	新鮮香草豆莢

做法

I 吉利丁片折斷泡水，放入冰箱冷藏。香草豆莢取出香草籽備用。

2 取一個鍋子，將牛奶、糖與香草籽與莢一起放入，移至火爐上，加熱至糖溶化，接近滾沸，將鍋子移開火爐。

3 將吉利丁放入鍋中，溶化拌勻，倒入底部平寬的容器上，放冷。

4 冷卻後的容器送入冷凍庫，每隔一段時間，取出使用叉子將表面結冰刮碎刮散，來回數次，直到所有液體都成為水晶冰沙。

Tips

● 不能喝牛奶可以將材料改成豆漿，吃素的人不放吉利丁也OK。

● 吉利丁與水溶解的比例是1：6。泡吉利丁的水一定要使用飲用水，不可使用生水，而溶解吉利丁的溫度不超過50℃。

● 傳統的冰沙Granité並不使用吉利丁，但使用吉利丁的好處是可增加濃稠度、提升盤飾效果。

STORY

提到綠番茄，很多人都能馬上連想起一部有名的好電影"油炸綠番茄"，這部講女性情誼的戲非常感人，邀請三五女性好友到家裡來，一同觀賞這部感人落淚的電影，邊吃邊哭，有甜甜的綠番茄果醬牛奶水晶冰沙作陪。

香吉士果醬

Marmelade d'orange

 材料

1kg	香吉士
300g	砂糖
500ml	水
2顆	檸檬汁

 做法

1 香吉士對切，壓出果汁備用，橙皮切去白色內膜。

2 取一只小鍋放入冷水以小火煮滾後，取一個過篩網將水濾掉，留住的橙皮再以相同方法煮一次，總共兩次，直到橙皮柔軟無苦味。

3 將皮切絲與果汁一同放入銅鍋中加入水，濃縮到原來的一半，加入砂糖與檸檬汁。

4 火爐上大火煮開後，以微火，持續烹煮，撈鍋子表面之浮物與氣泡，煮時要偶爾攪拌，以免黏住鍋底。

5 當鍋內已有黏稠度，到達果醬的終點溫度103℃，關火後，趁熱裝入果醬罐內倒扣。

洛神花水晶冰沙 Granité d'hibiscus

 材料

400ml	水
100g	砂糖
20g	洛神花

 做法

1 取一個鍋子，將所有材料混合，加熱至滾沸，將鍋子移開火爐，倒入玻璃容器中。。

2 蓋上保鮮膜，靜置三分鐘。

3 取一個篩網，過篩出洛神花，將液體放入容器中待冷。

4 冷卻後的容器送入冷凍庫，每隔一段時間，使用叉子將表面結冰刮散刮碎，來回數次，直到所有液體都成為水晶冰沙。

香吉士果醬 ＋ 洛神花水晶冰沙

Marmelade d'orange &
Granité d'hibiscus

焦糖蜂蜜黑白木耳果醬 ╋ 檸檬水晶冰沙

Confiture de champignons au miel et caramel &
Granité au citron

材料

500g	黑木耳
100g	白木耳
50g	砂糖
200ml	蜂蜜

做法

1. 兩種木耳分別放入鍋中泡冷水,約四小時。
2. 兩種木耳分別放入電鍋中,蒸軟。
3. 將兩種木耳中間的蒂頭切除,將兩種木耳放入食物調理機,打成細碎幾乎成泥狀。
4. 取一個大鍋將砂糖放入加入少許的水,煮成焦糖再加入蜂蜜一起滾沸,直到香味飄散,馬上倒入黑白木耳泥,攪拌均勻後,離開爐火,除了裝罐之外,也可放入容器中,冷卻後放入冰箱冷藏。

焦糖蜂蜜黑白木耳

*Confiture de champignons
au miel et caramel*

果醬

檸檬水晶冰沙 Granité au citron

材料

80g	冰糖
200ml	水
2g	吉利丁
12ml	飲用水
20ml	檸檬汁
少許	碎檸檬皮
1小把	馬鞭草(放入紗布袋中)

做法

1. 取一小碗將吉利丁片泡入飲用水,並放入冰箱冷藏備用。
2. 取一個鍋子,將水與冰糖,與馬鞭草、檸檬汁及碎檸檬皮,一起加熱至糖溶化,接近滾沸,將鍋子移開火爐,取出馬鞭草紗布袋。
3. 將吉利丁放入鍋中,溶化拌勻,倒入底部平寬的容器上,放冷。
4. 冷卻後送入冷凍庫,每隔一段時間,取出使用叉子將表面結冰部分刮散刮碎,來回數次,直到做成水晶冰沙。

組合

將焦糖蜂蜜木耳淋在檸檬水晶冰沙上,涼夏養身苗條的冰品上桌囉!

STORY

我不討厭木耳,但不會常常吃,銀耳當甜品吃,黑木耳炒菜使用,這次大膽加入養身材料,蔡辰男董事長對我說「不妨做做養身果醬系列。」這個想法很棒!謝謝蔡董事長給我的建議。

玫瑰花鳳梨檸檬

Confiture d'ananas mariné
au thé de roses séchées

果醬

 材料

5顆	黃檸檬
200ml	水
800g(net)	鳳梨
500g	砂糖
30g	乾燥玫瑰（放入茶包袋）

做法

1 將鳳梨去皮、去心、切小丁，和玫瑰浸漬至少八小時。

2 準備一鍋熱水將檸檬放入，煮滾約五分鐘左右，直到檸檬表皮呈現脹呼呼的觸感，撈出檸檬，可以放入冷水快速降溫或者放置一旁，冷卻後使用。

3 將檸檬對切，擠出檸檬汁，選擇表皮漂亮的檸檬皮，去除白絡，使用冷水小火煮過兩次，去除丹寧的苦味，再切成大小相仿的條狀。

4 剩下的檸檬皮與白絡放入攪拌機打碎，放入小紗布袋中。

5 將水、檸檬皮、檸檬汁與小紗布袋一同放入銅鍋，移至火爐上，以中火濃縮至原來的1/2，再加入玫瑰鳳梨與砂糖，以大火煮滾後，持續以中小火維持滾沸，隨時將浮出表面的氣泡雜質撈起，直到果醬溫度達到105℃，關火後，取出紗布與茶袋，便能將果醬裝罐。

蘋果酒水晶冰沙 Granité au cidre

 材料

100ml	水
50g	糖
100ml	Cidre蘋果酒
2g	吉利丁
12ml	水

做法

1 將吉利丁與水混合後放入冰箱冷藏備用；取一個鍋子，將所有材料混合，加熱至滾沸，將鍋子移開火爐，再加入Cidre與吉利丁。蓋上保鮮膜，靜置三分鐘。

2 將鍋中的液體放入容器中待冷。

3 冷卻後的容器送入冷凍庫，每隔一段時間，使用叉子將表面結冰刮碎，來回數次，直到所有液體都成為水晶冰沙。

 組合

玫瑰花香的鳳梨檸檬果醬，佐蘋果酒水晶冰沙，只要一口就能回味熱戀的那份陶醉感！

什麼是Cidre？

Cidre是一種發酵蘋果酒，酒精成份從2.5%~8.5%不等，書中使用的Cidre是法國Bretagne產的Cidre brut，中文是：法國布列塔尼不甜微汽泡蘋果酒。

 STORY

第一次喝Cidre是在巴黎藍帶求學期間時，和學姐一起逛超級市場，介紹給我Cidre de Normandie（諾曼地蘋果酒），她說：「喝這種酒的好處很多，第一：口味善良、第二：不怕喝醉、第三：通常不貴、第四：甜度不同。」從此，Cidre成了我們在交換彼此心事時不可缺少的飲料。

玫瑰花鳳梨檸檬果醬 ＋ 蘋果酒水晶冰沙

Confiture d'ananas mariné au thé de
roses séchées & Granité au cidre

香草鳳梨芒果果醬 ✚ 草莓馬鞭草水晶冰沙

*Marmelade d'ananas-mangue à la vanille &
Granité à la fraise et verveine odorante*

材料

1kg(net)	鳳梨約1大顆
300g	砂糖
2 顆	黃檸檬汁
600(net)	芒果
1根	香草豆莢

香草鳳梨芒果

Marmelade d'ananas-
mangue à la vanille

果醬

做法

1 將鳳梨皮削掉、去心、切成大扇型，放入銅鍋，以中火煮至滾沸，再轉小火煮約20分鐘或者鳳梨汁濃縮至接近收乾。

2 再加入砂糖與檸檬汁、香草豆莢混合，等候砂糖溶化備用。芒果去皮，切出大片果肉，備用。

3 芒果心周圍的碎果肉以小刀刮乾淨，放入攪拌機攪碎，與芒果心和果肉一同放入銅鍋。

4 將銅鍋移至火爐上以中火煮滾，後轉中小火保持滾沸，撈鍋子表面之浮物與氣泡，煮時要偶爾攪拌，以免黏住鍋底。

5 約三十分鐘，當鍋內已有黏稠度，到達果醬的終點溫度103℃，關火後，將芒果心及香草莢挑出，趁熱裝入果醬罐內倒扣。

草莓馬鞭草水晶冰沙 Granité à la fraise et verveine odorante

材料

250g	草莓果泥
125ml	水
50g	砂糖
20ml	覆盆子酒
2滴	馬鞭草精油

做法

1 草莓果泥需事先解凍至常溫使用。

2 取一只長柄鍋子，將水、糖與草莓果泥、一起加熱至糖溶化，接近滾沸，加入覆盆子酒後鍋子移開火爐，最後滴入馬鞭草精油拌勻。

3 蓋上保鮮膜五分鐘後，倒入底部平寬的容器上，放冷。

4 冷卻後送入冷凍庫，每隔一段時間，取出使用叉子，將表面結冰刮散刮碎，來回數次，直到做成水晶冰沙。

STORY

法國的chef常常說，「不知道是什麼就吃吃看」，Verveine這個法文字我看不懂，最好的方法就是主動去認識它，一開罐馬上有一股濃厚的檸檬香氣衝出來，後來查字典才知道這是馬鞭草。檸檬馬鞭草是南美洲植物，葉片的檸檬香氣，來自檸檬醛，這也是檸檬香茅的風味成份，若沒有馬鞭草香精，也可以使用檸檬香茅、少許芫荽或檸檬來增加香氣！

哈密瓜
果醬

Confiture de melon

 材料

500g(net)	哈密瓜
200g	糖
20ml	檸檬汁

做法

1. 哈密瓜去皮後，挖除內籽，將果肉切成小丁，哈密瓜放入銅鍋中與砂糖、檸檬汁混合。

2. 銅鍋移至火爐上以大火煮滾後，轉成中火並持續保持滾沸烹煮，撈銅鍋表面之浮物與氣泡，煮時要不定時攪拌，以免黏住鍋底。

3. 當鍋內已有黏稠度，持續烹煮十分鐘，直到果醬開始有厚稠感出現，到達果醬的終點溫度103℃，關火後，趁熱裝入果醬罐內倒扣。

黃番茄水晶冰沙 Granité de tomates

 材料

1000g	小番茄
300ml	番茄汁
40g	砂糖

做法

第一天

1. 番茄洗乾淨後，放入食物調理機研磨碎後將番茄放入紗布中，高掛約八小時慢慢濾出番茄汁。

第二天

2. 取一個鍋子，將所有材料混合，加熱至滾沸，將鍋子移開火爐，蓋上保鮮膜，靜置三分鐘。

3. 將鍋中的液體放入平寬容器中待冷。

4. 冷卻後的容器送入冷凍庫，每隔一段時間，使用叉子將表面結冰部份刮碎，來回數次，直到所有液體都成為水晶冰沙。

波特酒庫利 Coulis au porto

 材料

250ml	波特酒porto
少許	碎綠檸檬皮
少許	碎黃檸檬皮
少許	碎香吉士皮
20g	砂糖

 做法

1. 取一個鍋子，將上述材料全部放入，移至火爐上以小火煮滾沸。

2. 濃縮至酒剩下1/2，待醬汁已成濃稠狀，離火冷卻備用。

哈密瓜果醬 ＋ 黃番茄水晶冰沙

Confiture de melon & Granité de tomates

枸杞蘋果果凍＋綠茶水晶冰沙

Gelée de baies de goji & Granité au thé vert

枸杞蘋果

Gelée de baies de goji

果凍

材料

1kg	青蘋果
適量	水
100g	枸杞
400g	砂糖
200ml	覆盆子酒

做法

1. 將青蘋果洗乾淨，去掉蒂頭，切小塊約16片，將蘋果放入銅鍋中，加入飲用水約蘋果的1/2高。
2. 銅鍋移至火爐上，以中、小火將蘋果煮到鬆軟透明。
3. 取一只過濾網加上砂布，將蘋果汁濾出備用。
4. 枸杞洗乾淨後泡入熱水約五分鐘，瀝乾水份備用。
5. 取300ml蘋果汁、砂糖與覆盆子酒放入銅鍋，以中大火煮至糖的溫度到達117℃，其間不時將表面浮物或氣泡撈除，最後放入枸杞，拌勻關火，趁熱裝罐後倒扣。

綠茶水晶冰沙 Granité au thé vert

材料

250ml	水
50g	冰糖
5g	綠茶粉
10ml	新鮮綠茶

做法

1. 取一個鍋子，將所有材料混合，加熱至滾沸，將鍋子移開火爐。蓋上保鮮膜，靜置三分鐘。
2. 取一個篩網，過篩，液體放入容器中待冷。
3. 冷卻後的容器送入冷凍庫，每隔一段時間，使用叉子將表面結冰刮散刮碎，來回數次，直到所有液體都成為水晶冰沙。

組合

綠茶冰沙加上枸杞蘋果果凍，來一碗東方食材西式吃法，冰涼暢快又養身。

STORY

喜歡紅棗、仙草、銀耳或杏仁，不妨都可以加進來，創造屬於自己風味的養身冰品。

鳳梨玉荷包

Granité aux ananas-litchis

水晶冰沙

 材料

1kg(net)	鳳梨
300g(net)	玉荷包
少許	飲用水
1片	紗布
110g	砂糖
20ml	荔枝酒

 做法

1　將鳳梨皮和表面的釘眼一同削掉、去心、切成小塊，玉荷包剝皮去籽取下果肉。

2　將兩者放入食物調理機研磨碎後，準備濾網上面鋪放紗布，將鳳梨玉荷包果汁慢慢濾出。

3　取700g鳳梨玉荷包果汁放入鍋中，將砂糖放入，移至火爐上以中火，煮至沸滾後，加入荔枝酒，鍋子移開火爐，包上保鮮膜，靜置五分鐘。

4　將液體，倒入底部平寬的容器上，放冷。

5　冷卻後送入冷凍庫，每隔一段時間，取出使用叉子將表面結冰部分刮散刮碎，來回數次，直到做成水晶冰沙。

Tips

把一大堆鳳梨心丟掉真的有點可惜，但並非人人愛吃該怎麼辦呢？可以使用攪拌機攪碎後放入紗布袋中與果醬一起煮，增加風味，鳳梨心還可以拿來煮湯增加甜味。

鳳梨玉荷包水晶冰沙

Granité aux ananas-litchis

單元④●●果醬冰飲

Boissons

冰飲 Boissons ＋
柑橘果醬Marmelade

Marmelade是柑橘類的果醬，柑橘類的果醬通常都是酸味十足，沖泡茶的使用量不必高，就能帶出十足柑橘的香味。使用自己煮的「柑橘果醬Marmelade」泡茶點，比起買不同的法式調味茶，更有自己獨特的風格。

Boissons

小故事

俄羅斯人喝下午茶會加一匙酒在咖啡中；英
國人喝下午茶也加一匙果醬在茶杯中；韓國的
柚子果醬是沖泡專用；要如何選擇適合的茶、
飲料與果醬做拍檔？我的選擇是：品質好、大眾
口味、取得容易的茶，然後搭配上我的柑橘果
醬Marmelade。

蘋果果泥 ✚ 大吉嶺冰紅茶

Compote de pommes & Thé Darjeeling

蘋果
Compote de pommes
果泥

材料

5顆	蘋果
100g	糖
半顆	檸檬汁
50ml	覆盆子酒
50ml	蘋果酒（Calvados）
適量	飲用水

做法

1　蘋果去皮除去籽，先切成薄片狀與檸檬汁混合備用。

2　取一只鍋子將蘋果片、水、覆盆子酒和糖一起放入，鍋子移至火爐上，以小火煮，其間不定時攪拌鍋底，避免燒焦，待水份收乾，蘋果片呈柔軟、金黃且透明狀，趁熱倒入蘋果酒，稍微攪拌讓蘋果吸收，馬上關上火爐，將鍋子移開，冷卻備用。

酸蘋果汁 Jus de pommes acide

材料

2顆	青蘋果
少量	水
1顆	檸檬汁
2小撮	鹽之花
1湯匙	蘋果酒(Calvados)

做法

1　將蘋果洗乾淨，切小塊、加少量水、檸檬汁一起放入小鍋子中。

2　移至火爐上，以小火煮，待蘋果煮至軟透，加入酒與鹽調味。

3　取一個過篩網將蘋果汁瀝出，冷卻後可放入瓶中備用。

大吉嶺冰紅茶 Thé Darjeeling

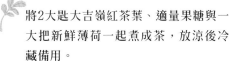將2大匙大吉嶺紅茶葉、適量果糖與一大把新鮮薄荷一起煮成茶，放涼後冷藏備用。

組合

將蘋果果泥與大吉嶺冰紅茶混合在杯子內，加入酸蘋果汁，再撒些許荳蔻粉即大功告成。

Tips

紅茶的甜度雖以自己口味為主，但別忘了蘋果果泥已有甜度，所以要以整體的甜味來衡量，果糖的甜度比砂糖高，熱度會減少甜味，宜待果糖溶解後，先試吃再決定加入多寡。

柳橙皮紅肉柚皮

Marmelade d'orange
et pamplemousse rouge

果醬

 材料

1kg	香吉士
1kg	紅肉柚子
600g	砂糖
500ml	水
2顆	檸檬汁

 做法

第一天

1　香吉士與紅肉柚子對切，壓出果汁備用。將香吉士外皮與葡萄柚外皮內的白色內膜切除後保留外皮。

2　取一只小鍋，將冷水、香吉士皮、葡萄柚皮一起放入，移至火爐上以小火煮滾後，取一個過篩網將熱水濾掉，香吉士皮、葡萄柚皮，再以相同方法煮一次，總共三次，直到柚子、橙皮柔軟無苦味為止。

3　將香吉士皮、葡萄柚皮切細絲與果汁一同放入鍋中加入水，以中火濃縮到原來的一半，加入砂糖與檸檬汁。

第二天

4　將鍋子移至火爐上，以大火煮滾後，再以微火，持續烹煮，撈鍋子表面之浮物與氣泡，煮時要偶爾攪拌，以免黏住鍋底。

5　當鍋內已有黏稠度，到達果醬的終點溫度105℃，關火後，趁熱裝入果醬罐內倒扣。

摩洛哥薄荷冰茶 Thé à la menthe marocain

用熱水泡開摩洛哥薄荷茶，放涼後冷藏備用。

 組合

這款帶點苦味的果醬和清涼退火的摩洛哥薄荷茶一起喝，火氣再大都不怕喔！

柳橙皮紅肉柚皮果醬 ✚ 摩洛哥薄荷冰茶

Marmelade d'orange et pamplemousse rouge
& Thé à la menthe marocain

蜂蜜柳橙葡萄柚果醬 ＋ 伯爵冰茶

Marmelade d'orange au miel de pamplemousse & Thé Earl Grey

 材料

1kg	柳橙
1kg	葡萄柚
700g	砂糖
適量	冷水
500ml	水
2顆	檸檬汁
100ml	蜂蜜

 做法

1 柳橙對切，壓出果汁備用，白色內膜切除後保留外皮。

2 取一只小鍋放入冷水及橙皮，以小火煮滾後，取一個過篩網，將水濾掉留住的橙皮，相同方法再煮一次，總共兩次，直到橙皮柔軟且無苦味。

3 將皮切絲與果汁一同放入銅鍋中加入水，濃縮到原來的一半，加入砂糖與檸檬汁。

4 葡萄柚切出果肉，加入銅鍋中。

5 火爐上的銅鍋以大火煮開後，以中火持續烹煮，撈除表面之浮物與氣泡，煮時要偶爾攪拌，以免黏住鍋底。

6 當鍋內已有黏稠度，加入蜂蜜，到達果醬的終點溫度105℃，關火後，趁熱裝入果醬罐內倒扣。

伯爵冰茶 Thé Earl Grey

用熱水泡開伯爵茶，放涼後冷藏備用。

 組合

伯爵茶帶有檸檬柑橘香，再加上蜂蜜柳橙葡萄柚果醬，炎夏如果想吃頓清爽的Brunch，少不了這樣的消暑飲品喔！

鳳梨番紅花

Confiture d'ananas au safran

果醬

 材料

1kg(net)	鳳梨約1大顆
500g	砂糖
2 顆	黃檸檬汁
5g(net)	番紅花
200g	蘋果果膠

 做法

1　將鳳梨皮和表面的釘眼一同削掉、去心、切成小丁，放入銅鍋，以中火煮至滾沸，再轉小火煮約20分鐘，直到鳳梨汁濃縮至接近收乾。

2　再加入砂糖與檸檬汁混合，等候砂糖溶化。

3　中火煮滾，後轉中小火保持滾沸，撈鍋子表面之浮物與氣泡，煮時要偶爾攪拌，以免黏住鍋底。

4　約三十分鐘，將果膠加入，當鍋內已有黏稠度，到達果醬的終點溫度103℃，關火後，每一罐果醬放入兩絲番紅花，趁熱裝入果醬罐內倒扣。

 組合

先放果醬入杯中，再倒入柳橙氣泡水，番紅花輕輕染紅了鳳梨，飲下這一杯美麗！

 STORY

我很喜歡看在裝在瓶子內一絲一絲的番紅花，像是會跳舞的精靈，在廚房，不管是誰只要提到番紅花最後都會補上一句「這東西很貴」，因為番紅花是世界上最貴的香料，但我從來都不會把價錢和番紅花做聯想，只想，番紅花裝飾果醬會有多漂亮。

鳳梨番紅花果醬 ＋ 柳橙氣泡水冰飲

Confiture d'ananas au safran &
Eau pétillante à l'orange

藍莓果醬 ＋ 阿薩母冰紅茶

Confiture de myrtilles & Thé assam

材料

1000g	藍莓
500g	砂糖
1 顆	檸檬汁
50ml	白蘭地

做法

1　藍莓洗乾淨，放入大缽中，加入糖及檸檬汁，包上保鮮膜放置冰箱浸泡至少四小時，待糖溶化。

2　將大缽中的藍莓放入銅鍋，移到爐上以大火煮開後，持續以中火保持滾沸，撈鍋子表面之浮物與氣泡，煮時要不定時攪拌，以免黏住鍋底。

3　三十分鐘左右，當鍋中的水份已經濃縮，果肉變成熟軟，持續烹煮直到果醬開始有厚稠感出現，到達果醬的終點溫度103℃，關火後，加入白蘭地，稍為混合一下並趁熱裝入果醬罐內倒扣。

阿薩母紅茶 Thé assam

用熱水泡開阿薩母紅茶，放涼後冷藏備用。

組合

將冷茶加入藍莓果醬再放入冰塊，天然藍莓紅茶比調味茶，著實多了一份清香水果的純真感。

STORY

我很少做藍莓果醬，因為太昂貴了，在飯店工作的那段時間，本來就常加班，為了做手工果醬，唯有利用休假回來，不過我最快樂的事便是飯店全天以自助餐方式供應手工果醬。

有一天，我在冰箱找到兩大箱新鮮藍莓，原來是貼心的同事要給我做果醬用的，我開心的差點沒掉出眼淚來！藍莓天然的香氣濃烈甜酸，我想，那一陣子吃到手工藍莓果醬的人，這輩子應該不會想再吃人工香料香精堆出來的果醬吧！

鳳梨玫瑰花瓣

Confiture d'ananas à la vanille
avec des pétales de rose

果醬

材料

鳳梨

2kg(net)	甜蜜蜜鳳梨(約2大顆)
600g	砂糖
2顆	黃檸檬汁
100g	蘋果果膠

玫瑰

300g	玫瑰花瓣
1Liter	熱水
100g	蘋果果膠
600g	砂糖
2顆	黃檸檬汁

做法

第一天

1 新鮮玫瑰花瓣洗乾淨,至少三次,鋪平晾乾一夜。

第二天

2 鳳梨將表面的釘眼一同削掉、去心、切成小丁,放入銅鍋,移至火爐上,加入砂糖與檸檬汁,以大火煮滾後,持續以中小火維持滾沸,隨時將浮出表面的氣泡雜質撈起,加入果膠,直到果醬溫度達到105℃,關火後,取出紗布與茶袋,將果醬裝罐至半滿。

3 將花瓣切細碎,加入糖與檸檬汁與熱水浸泡約30分鐘。

4 將花瓣放入銅鍋,移至火爐上,轉大火將果醬煮滾,再轉中火持續維持滾沸,其間撈除表面浮物與氣泡,當花瓣已柔軟,分量也濃縮減少1/3,加入果膠,煮至103℃。

雙果醬裝瓶法

1 先將鳳梨裝入後,冷卻再加入玫瑰花瓣醬,轉緊瓶蓋。

2 準備一個大的高湯鍋,水煮至滾沸,將果醬罐放入滾水中,煮三十分鐘。

錫蘭冰紅茶 Thé de Ceylan

用熱水泡開錫蘭紅茶,放涼後冷藏備用。

組合

雙色果醬加上冰紅茶,一層層美麗的色彩,好像一杯雞尾酒一般!

鳳梨玫瑰花瓣果醬 ✚ 錫蘭冰紅茶

Confiture d'ananas à la vanille avec des
pétales de rose & Thé de Ceylan

李子果醬╋檸檬氣泡水冰飲

Confiture de prunes & Eau gazeuse du citron

李子

Confiture de prunes

果醬

材料

1kg(net)	李子
1 顆	檸檬汁
100ml	櫻桃白蘭地 (kirsch)
500g	砂糖

做法

第一天

I 李子洗乾淨，對切去籽，將果肉切大塊，加入糖、檸檬汁及酒，放入鍋中，放入冰箱冷藏，醃漬一夜。

第二天

2 取一只銅鍋，將鍋內所有全部放入，將銅鍋移到爐上以大火煮開後，持續以中火滾沸，撈鍋子表面之浮物與氣泡，期間不定時攪拌，以免黏住鍋底。

3 當鍋中的份量逐漸減少1/3，醬汁越見濃縮，果肉也透明熟軟，持續烹煮直到果醬開始有厚稠感出現，到達果醬的終點溫度103℃，關火後，趁熱裝入果醬罐內倒扣。

組合

先將一大匙李子果醬放進杯子內，再加入冰塊，最後倒入檸檬氣泡水，好喝的飲料就此誕生。

STORY

李子果醬的李子，保留下果皮且將果肉切成大塊，與檸檬氣泡水搭配時，不至於看起來像一坨掉進水中的醬糊，除了搭配飲料，還可以塗抹吐司。利用夏天時間你可以嘗試自己動手做，看看哪一種果醬+氣泡水才是你的最愛喔！

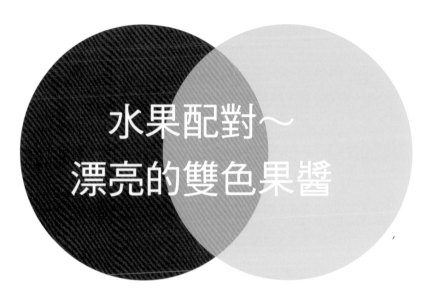

水果配對～
漂亮的雙色果醬

雙味及雙色果醬是製作手工果醬極樂無窮的變化，
我覺得超過兩種以上水果，混合不是好事，
因為太多口味的混合難免會模糊掉水果原味。

對水果的喜愛因人而異，運用兩種水果做搭配，有幾點原則：

門當戶對：口感相配的兩種水果，就能試試看，例如：蘋果與甜桃、荔枝與玫瑰。

色彩相近：水果的顏色屬於同一色系，如：芒果與鳳梨。

色彩相反：反差大的色系，如：覆盆子與開心果，深、淺色，如：洛神花果凍與白色火龍果果醬。

外觀協調：讓水果有視覺吸引力。

多層次感：運用顏色透明度，如：草莓果醬＋李子果醬與紅葡萄果凍，或是蘋果果凍＋覆盆子果凍。

調味加分：香氣的調合與互補，如：檸檬與奇異果、紅蘿蔔與柳橙。

凸顯質感：果肉的質感與口感來決定層次高低如：鳳梨果醬上面搭玫瑰花瓣，奇異果果醬上面搭配草莓果凍。

香純濃郁：紅茶、綠茶或是酒類的風味與顏色的運用，能幫助果醬添加風味，使用前也須周詳考慮。

紅綠兩色：紅色水果如草莓，綠色水果如奇異果和綠檸檬，在加熱的過程中都會產生褐變、退色，銅鍋能使紅色水果保持色澤，草莓加入覆盆子、紅醋栗就能避免變成粉紅色草莓果醬，或是加入草莓果泥也能達到保色效果。
綠色水果如奇異果，可以適當加入綠色哈密瓜或者黃金奇異果來調整色澤，當然也可以運用青蘋果果泥調整。

製作雙層果醬訣竅：

※製做雙層果醬順序：果醬下層果醬宜煮凝固一點，裝入玻璃瓶中後，等待冷卻表面凝固期間，可以動手做上層果醬，上層果醬裝入後，蓋緊瓶蓋。

雙層果醬殺菌法：

1.將瓶子放入蒸烤箱105℃蒸烤30分鐘。

2.放入一般烤箱隔水加熱至170℃，30分鐘。

CONFITURE

果膠的保存期限為何?

大量做好的果膠,分裝成小份量,保存在冷凍庫,分次使用,冷凍期可達六個月。

煮蘋果果膠是否要帶果皮?

果皮蘊藏豐富果膠,若不想去除蘋果果皮,但擔心果皮臘的問題,可以購買有機無毒之蘋果;或是改用柑橘類水果製做果膠。

果膠使用的量?

製做果膠低的水果,添加果膠時,只要使果醬具凝固性即好,份量的斟酌要視個人喜好及滾煮的狀況;判斷時別忘了,果醬熱時狀態是稀、軟,冷卻時會稠、硬。

甜度低的果醬保存期為何?

若果醬糖量低於30%以下,如糖煮果泥Compote、水果醬汁Coulis以及30°Bé以下的糖漬水果confit,保存期為短期(3～5天),且無論開罐與否皆需冷藏保存。

甜度中等的果醬保存期為何?

若果醬的甜度中等如:果醬含糖量50%的果醬Comfiture、柑橘果醬Marmelade,以及30°Bé以上的糖漿水果Sirop de fruit,置於常溫室內15℃以下,無日曬陰涼通風處,且裝罐過程無污染,保存期為中期(三個月),開罐後冷藏時間則不超過一個月。

甜度高的果醬保存期為何?

果醬含糖量60%以上的果醬Confiture、柑橘果醬Marmelade,置於常溫室內15℃以下,無日曬陰涼通風處,且殺菌、裝罐過程無污染,則可以長期保存至一年。開罐後冷藏時間一個月是最佳賞味期。

為何果醬一定要殺菌消毒?

存在自然界與落塵中的仙人掌桿菌,若果醬受到污染會產生腹瀉;殺菌消毒的方法是容器與蓋子、漏斗、勺子煮沸消毒殺菌,果醬趁熱,馬上裝入容器中(約九分滿),放入滾水中消毒三十分鐘。

Queen of the Confitures 果醬女王 Part 2

在家當女王 華麗果醬端上桌

作　者	于美芮（瑞）
發 行 人	程安琪
總 策 畫	程顯灝
編輯顧問	錢嘉琪
編輯顧問	潘秉新
總 編 輯	呂增娣
主　編	李瓊絲、鍾若琦
編　輯	程郁庭、吳孟蓉、許雅眉
編輯助理	張雅茹
美術主編	潘大智
美術設計	徐紓婷
封面、內頁設計	王欽民、吳慧雯
行銷企劃	謝儀方
出 版 者	橘子文化事業有限公司
總 代 理	三友圖書有限公司
地　址	106 台北市安和路 2 段 213 號 4 樓
電　話	(02) 2377-4155
傳　真	(02) 2377-4355
E － mail	service@sanyau.com.tw
郵政劃撥	05844889 三友圖書有限公司

總 經 銷	大和書報圖書股份有限公司
地　址	新北市新莊區五工五路 2 號
電　話	(02) 8990-2588
傳　真	(02) 2299-7900

http://www.ju-zi.com.tw

三友圖書　友直 友諒 友多聞

初　版	2014 年 6 月
定　價	新台幣 340 元
I S B N	978-986-364-009-7

版權所有　翻印必究

書若有破損缺頁 請寄回本社更換

國家出版品預行編目（CIP）資料

果醬女王 Part2 / 于美芮著 . -- 初版 .
-- 臺北市：橘子文化，2014.06
面；　　公分

ISBN　978-986-364-009-7（平裝）
1. 果醬　2. 食譜
427.61　　　　　103009301